H. Jürgens   D. Saupe (Hrsg.)

Visualisierung
in Mathematik
und
Naturwissenschaften

Bremer Computergraphik-Tage 1988

Mit 91, zum Teil farbigen Abbildungen

Springer-Verlag Berlin Heidelberg New York
London Paris Tokyo Hong Kong

Hartmut Jürgens
Dietmar Saupe

Fachbereich Mathematik/Informatik (FB3)
Institut für Dynamische Systeme, Universität Bremen
Postfach 330440, 2800 Bremen 33

Umschlagbild: Ausschnittsvergrößerung am Rand der Mandelbrotmenge (Bild von
H. Jürgens, D. Saupe und H.-O. Peitgen). Über eine Rekursionsformel kann der
Abstand eines Punktes zur Mandelbrotmenge berechnet werden. Die Einfärbung ist
mit Hilfe dieses Abstandes vorgenommen. Punkte gleichen Abstandes bilden Kurven
gleicher Farbe. Bei Fraktalen in drei Dimensionen sind entsprechend Flächen gleichen
Abstandes zu berechnen. Ein neuer Algorithmus, der dies effizient leistet, ist in dem
Beitrag von H. Jürgens (S. 53) enthalten.

CIP-Titelaufnahme der Deutschen Bibliothek
Visualisierung in Mathematik und Naturwissenschaften / Bremer Computergraphik-Tage 1988.
H. Jürgens ; D. Saupe (Hrsg.). – Berlin ; Heidelberg ; New York ; London ; Paris ; Tokyo ;
Hong Kong : Springer, 1989
ISBN-13: 978-3-540-51224-0   e-ISBN-13: 978-3-642-83809-5
DOI: 10.1007/ 978-3-642-83809-5
NE: Jürgens, Hartmut [Hrsg.]; Computergraphik-Tage ‹1988, Bremen›

2145/3140-543210 – Gedruckt auf säurefreiem Papier

Vorwort

Vom 4. bis 6. Juli 1988 fanden in der Universität Bremen die *Bremer Computergraphik-Tage 1988* statt. Im Mittelpunkt der Tagung standen Vorträge über Anwendungen der Computergraphik in Mathematik und Naturwissenschaften. In diesem Band sind dazu 11 der insgesamt 19 Beiträge der Tagung versammelt.

Im Jahre 1981 wurde an der Universität Bremen unter der Leitung von Prof. H.-O. Peitgen der "Grundstein" zum *Computergraphiklabor Dynamische Systeme* gelegt. Die zunächst noch recht einfache Ausstattung wurde in kurzer Zeit um eine Reihe verschiedenster Hochleistungsgraphikgeräte erweitert. Für einen mathematischen Fachbereich wurde so absolutes Neuland betreten. Die Geräte eröffneten auch den Mathematikern ganz neue Möglichkeiten, waren zunächst aber noch sehr teuer. Mußten 1985 für ein Hochleistungsgraphiksystem mit 1024 x 1280 Bildpunkten noch fast 300 000 DM investiert werden, so kann man heute für ein Fünftel des Betrages eine komplette Workstation erhalten. Diese Geräte umfassen nicht nur noch leistungsfähigere Graphik, sondern sind gleichzeitig sehr schnelle UNIX-Rechner mit integrierter Festplatte. Der Einstieg wird daher für viele Institute erschwinglich.

Parallel dazu ist in Naturwissenschaften und Mathematik allgemein das Bedürfnis gewachsen, sich die neue Technik zunutze zu machen. "Scientific Computing", "Experimentelle Mathematik" und "Scientific Visualization" sind entsprechende aktuelle Stichworte geworden. Fachzeitschriften stellen sich auf diese neue Entwicklung ein. Auch wird es nun zunehmend üblich, Beiträge zur Veröffentlichung mit einem geeigneten Wordprocessor, z. B. TEX, vorzubereiten und den Herausgebern auf Magnetbändern oder Disketten zur Verfügung zu stellen. Schwarz-/Weiß- und sogar Farbgraphiken können digital übermittelt werden und zum Druck gelangen, ohne daß die Bilder jemals fotografisch aufgenommen werden müssen.

In Deutschland sind mittlerweile mehrere mathematische und naturwissenschaftliche Fachbereiche ähnliche Wege wie die Bremer Mathematiker gegangen und haben Computerlabore mit Graphikkomponenten eingerichtet. Ein erstes Ziel unserer Tagung war es, diese Bestrebungen zusammenzufassen und voneinander zu lernen. Welches sind die mathematischen und und naturwissenschaftlichen Probleme, die in den Laboren bearbeitet werden, und welche Computergraphik-Methoden kommen zur Anwendung? Welche Software-Pakete zur mathematischen Computergraphik sind entwickelt worden? Inwieweit werden Animationstechniken benutzt? Dies waren einige der Fragen, die auf der Tagung diskutiert wurden.

In einem zweiten, weniger umfangreichen Teil der Tagung berichteten Mitarbeiter von Firmen über ihre Anwendungen der Computergraphik in den Bereichen Animation, Design und Simulation. Schließlich wurden Graphikhardware und -software den Tagungsteilnehmern vorgestellt. Die folgenden Firmen haben die Tagung auf diese Weise und zum Teil auch mit Spenden unterstützt: *Components Instruments Systems (CIS)*, Viersen; *Evans &*

Sutherland, München; *Silicon Graphics*, Köln; *Stellar Computer*, München; *SUN Microsystems*, Hamburg; *Tektronix*, Köln; *ArtCom*, Bremen.

In den Beiträgen dieses Bandes werden zwei Schwerpunktthemen behandelt: Berechnung und Visualisierung von mathematischen Objekten und von Fraktalen. In die erste Kategorie fallen z. B. Minimalflächen und andere Lösungen von Variationsproblemen (O. Wohlrab). Häufig gibt es keine natürliche oder a priori "richtige" graphische Repräsentation gegebener Objekte. Dies ist der Fall im Beitrag von H. Duvenbeck und A. Schmidt, in dem Darstellungsformen von Strömungen im dreidimensionalen Raum entwickelt und verglichen werden.

Ein computergraphisches Problem mit zunehmender Wichtigkeit kommt u. a. aus dem Bereich des "medical imaging", nämlich die Visualisierung volumetrischer Daten. Die Daten entstammen z. B. aus Computer-Tomographie-Berechnungen oder, in anderen Disziplinen, aus meteorologischen oder geophysikalischen Messungen. Der Artikel von H. Jürgens entwickelt dazu eine neue Methode, aus solchen Daten Oberflächenstrukturen zu extrahieren.

Viele Methoden der Visualisierung produzieren letztendlich eine Beschreibung von Objekten als Liste von Polygonen mit zusätzlichen Attributen wie Farbe und Transparenz. Das ILTIS-System (Beitrag von M. Haneke und K. Steinberger) ist ein mögliches System, mit dem man anschließend die notwendige Computergraphik interaktiv am Gerät ausführen kann.

Dem zweiten Themenbereich (Fraktale) sind drei Arbeiten zugeordnet. M. Markus und B. Hess beschreiben Experimente mit Iteration eindimensionaler Abbildungen dynamischer Systeme. Dabei wird ein Lyapunov-Exponent in Abhängigkeit von Kontrollparametern graphisch dargestellt. In den Beiträgen von W. Krüger und D. Saupe werden Algorithmen vorgestellt, die Oberflächen mit fraktalen Eigenschaften sowie fraktale Texturenfunktionen in drei Dimensionen generieren.

Trotz fortgeschrittener Technik ist die Effizienz von Hardware/Software in der Computergraphik ein dominantes Thema. In unserem Tagungsband wird es von zwei Seiten her aufgegriffen. M. Bischof diskutiert dazu die Parallelisierung von Hardware in Graphikworkstations. Einen ganz anderen Ansatz behandeln H. Müller et al. In den meisten Instituten und Betrieben sind zwar keine teuren Supercomputer zu finden, sehr oft aber viele kleine Workstations. Zusammen können diese eine enorme Rechenleistung erbringen. Hierzu notwendige Verfahren der Rechnerorganisation werden in dem Beitrag vorgestellt.

In zwei weiteren Arbeiten werden Aufbau und Wirkungsweise von Animationssystemen (H.-J. Andree) und die effiziente computergraphische Darstellung der Erdkugel (B. Kugelmann) beschrieben.

Die für einen kleinen Kreis geplanten Bremer Computergraphik-Tage haben eine Resonanz gefunden, die uns selbst überrascht hat. Das Interesse an den Anwendungsmöglichkeiten der Computergraphik ist offenbar nicht mehr auf nur wenige Spezialisten beschränkt. Nicht zuletzt aus diesem Grunde haben wir uns zur Herausgabe dieser Auswahl von Tagungsbeiträgen entschlossen und planen die nächsten Computergraphik-Tage für 1990.

Bremen, Januar 1989   Hartmut Jürgens und Dietmar Saupe

Inhaltsverzeichnis

Farbbilder IX

Computer-Animation — Technik und Möglichkeiten 1
H.-J. Andree

Eine neue Prozessorarchitektur zur Parallelisierung arithmetischer Operationen 15
M. Bischof

Darstellung zwei- und dreidimensionaler Strömungen 21
H. Duvenbeck, A. Schmidt

Lokale interaktive Benutzeroberfläche zum RT ONE/380 — ILTIS (Interactive
Local Transformation and Illumination of Surfaces) 39
M. Haneke, K. Steinberger

Optimierte Oberflächenabtastung mit orientierten Kubusketten 53
H. Jürgens

Bildsynthese von Objekten mit fraktalen Eigenschaften 67
W. Krüger

Färbealgorithmen zur Darstellung der Erdkugel 75
B. Kugelmann

Fractals through periodic variation of control parameters of iterated maps
on the interval 87
M. Markus, B. Hess

"Occursus Cum Novo" — Computeranimation durch Strahlverfolgung in
einem Rechnernetz 102
H. Müller, W. Leister, A. Stößer, B. Neidecker

Point evaluation of multi-variable random fractals 114
D. Saupe

Die Berechnung und graphische Darstellung von Randwertproblemen
für Minimalflächen 127
O. Wohlrab

Farbbilder

Bild 1 Ein 'synthetisches' Automobil, dessen Modellierung mittels der Operatoren eines modernen Computer-Animations-Systems nicht schwerfällt. 'Reflection mapping' und Transparenz verstärken den Realitätseindruck. (H.-J. Andree)

Bild 2 Schachfigur und Fußball. Textur und 'Bump mapping' (auf dem Ball) lassen Zweifel am synthetischen Charakter der Szene aufkommen, jedoch der fehlende Schatten des Fußballs wäre kaum anders zu produzieren... (D. Philip, zum Beitrag von H.-J. Andree)

Bild 3 Mittels 'Reflection mapping', Transparenz und (getürkter) Objekt-Spiegelung lassen sich Raytracing-ähnliche Bilder erzeugen, jedoch mit bedeutend geringerem Rechenaufwand. (H.-J. Andree)

Bild 4 Darstellung der Lösung der Navier-Stokes-Gleichungen auf der Sphäre mit ellipsenförmigem Hindernis. Die Geschwindigkeitspfeile sind nicht-linear skaliert. Die Farbinformation der Pfeile wird zur zusätzlichen Darstellung des Betrags der Geschwindigkeit benutzt. Der Farbskala von gelb bis rot entsprechen geringe bis große Geschwindigkeiten. Die Beleuchtung und Oberflächeneigenschaften werden zur Unterstützung des räumlichen Eindrucks eingesetzt. (H. Duvenbeck, A. Schmidt)

Bild 5 Strömung in einer verzweigten Röhre als Modell für eine Blutgefäß-Verzweigung (Aorta). Gezeigt wird eine strömende Fläche im größeren der beiden Zweige. Zur Berechnung wurde ein lineares numerisches Strömungsmodell (Stokes-Gleichungen) benutzt. (H. Duvenbeck, A. Schmidt)

Bild 6 Strömung in der Aorta-Verzweigung, hier berechnet unter Verwendung des nicht-linearen Navier-Stokes-Strömungsmodells mit $Re = 100$. Die Innenseiten der Flächen sind dunkler eingefärbt, um die Darstellung zu verbessern. (H. Duvenbeck, A. Schmidt)

Bild 7 Lyapunov exponent λ for the logistic equation $x_{n+1} = r_n x_n (1 - x_n)$. r_n changes between two values A and B (A ordinate, B abscissa). The color changes from black to yellow as λ increases from negative values to zero, and from black to red as λ increases from zero to positive values.
(a) Period-3 window within the chaotic region. r_n-sequence : $BABABA...\, 3.81 \leq A, B \leq 3.87$
(b) Enlargement of (a), showing the fractal nature of the displayed structure $3.83 \leq A, B \leq 3.86$
(c) Distortion of the period-3 window shown in (a) due to a different r_n sequence : $BBABA\,BBABA...$
$3.82 \leq A \leq 3.87,\ 3.82 \leq B \leq 3.86$. (M. Markus, B. Hess)

Bild 8 Lyapunov exponent λ for the logistic equation $x_{n+1} = r_n x_n (1 - x_n)$. r_n-sequence: $BBBAA$ $BBBAA...$ The figure shows a periodic island within the chaotic region. Lines of equal negative λ are shown white. Between these lines, the color changes according to the values of λ. The dark green background of the picture corresponds to positive λ. (M. Markus, B. Hess)

Bild 9 Optisches Erscheinungsbild einer Oberfläche mit sub-fraktaler Rauheit (Brown'scher Fall mit $D = 1.5$ und normalisierten Beobachterentfernungen von $z = 1$, 2.5 und 5). (W. Krüger)

Bild 10 Fraktaler Planet, basierend auf der 'rescale-and-add' Methode. Auf der Sphäre hängt die Oberflächeneigenschaft vom Ort ab: Die fraktale Dimension der Küstenlinien beträgt am Äquator 1.2 und an den Polen 1.9. Die Einfärbung hängt ähnlich von den Breitengraden ab, so daß 'vereiste' Polkappen entstehen. (D. Saupe, I. Nikschat-Tillwick, O. Sachse)

Bild 11 Simulatives Modellieren von Baumwachstum und -bewegung sowie von Partikelsystemen mit unterschiedlicher geometrischer Ausprägung der Partikel. (H. Müller, W. Leister, A. Stößer, B. Neidecker)

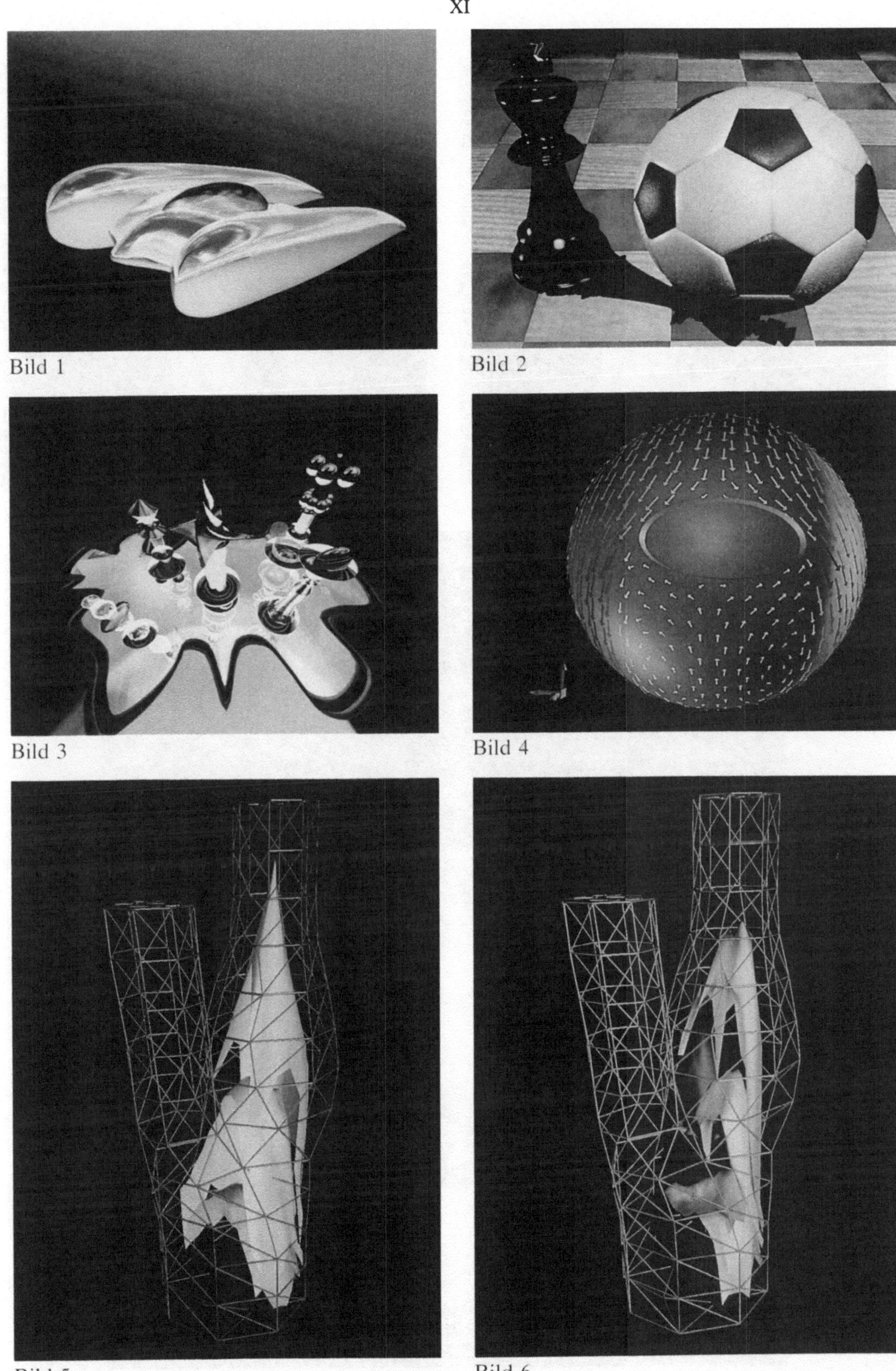

Bild 1

Bild 2

Bild 3

Bild 4

Bild 5

Bild 6

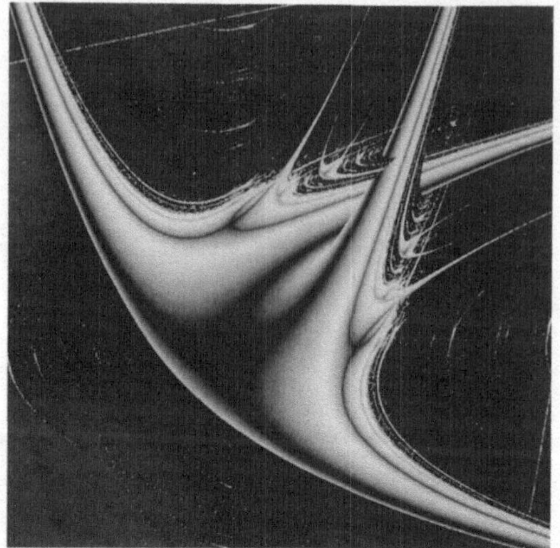

Bild 7 a

Bild 7 b

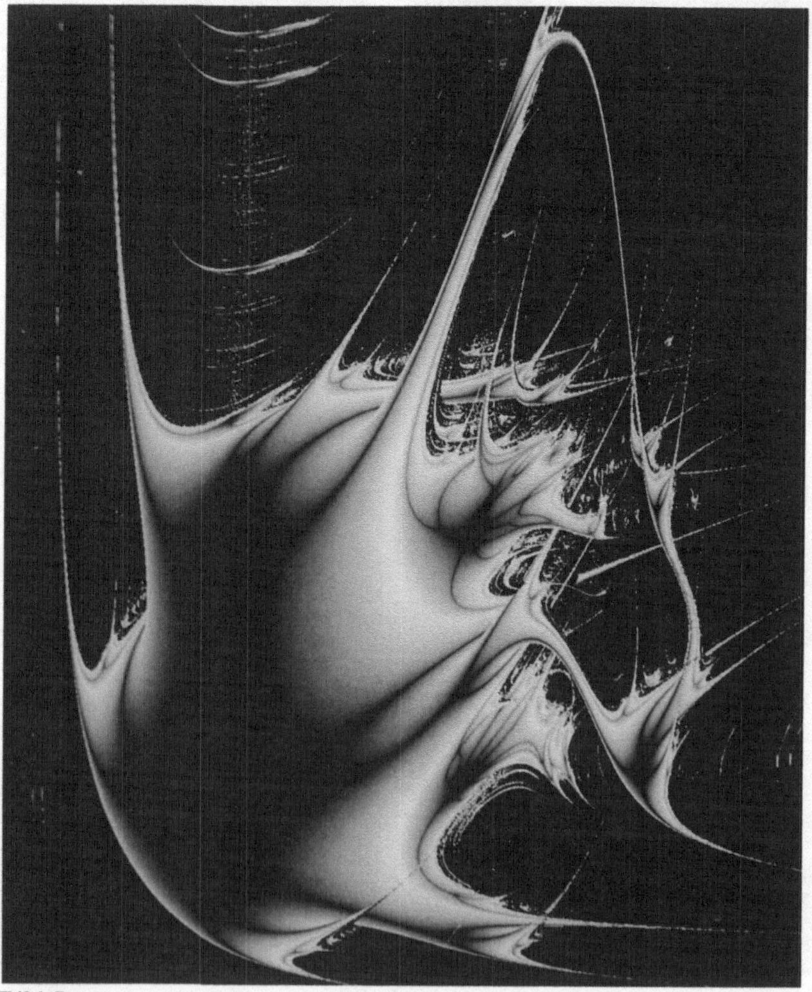

Bild 7 c

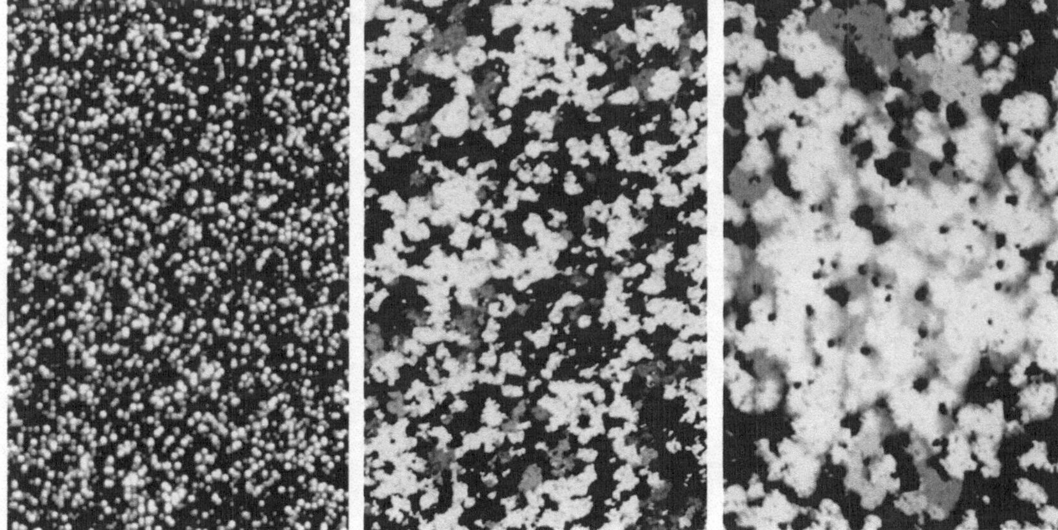

Bild 8

Bild 9

XIV

Bild 10

Bild 11

Computer-Animation — Technik und Möglichkeiten

Hans-Joachim Andree
c/o Arri-TV
Türkenstr. 95
8000 München 40

Abstract

Technik und Möglichkeiten des Einsatzes der 'kommerziellen' Computer-Animation werden beschrieben. Arbeitsschritte der Produktion sowie der notwendigen Hardware und Software werden dargestellt. Probleme der momentanen Anwendung, sowie die Marktsituation und Auswirkungen der Technik werden genannt. Ein Hinweis auf die Ausbildungssituation wird gegeben.

This paper describes technique and capabilities of 'commercial' computer animation, the production process and the necessary hardware and software. Aspects regarding problems in present applications, the market situation, implications of the technology and a remark on the educational situation are given.

Geschichte und Begriff

Computer-Animation ist bewegte Computer-Grafik.
Seit Mitte der 60er Jahre, als man die ersten computer-berechneten Bilder von dreidimensionalen Szenen auf Plottern und Grafik-Terminals zeigen konnte, war es auch möglich, statt nur stehender Bilder, solche in Bewegung zu zeigen.
Das war praktisch nur eine Folge von verschiedenen Ansichten oder Veränderungen der Szenerie bzw. der darin befindlichen Objekte. Wurden diese Bilder in schneller Folge vorgeführt, hatte der Betrachter den Eindruck einer fließenden Bewegung.
'Animation' bedeutet soviel wie 'Leben einhauchen' oder 'beseelen', aber der Begriff Computer-Animation stammt eher aus dem englischen Sprachgebrauch, wo man unter Animation den Bereich des Filmtricks - Zeichen- oder Modelltrick - versteht. Außerdem wird dieses Wort nicht nur für Trickfilm mit vermenschlichten Figuren - à la Walt Disney - verwendet, sondern auch für z.B. wissenschaftliche oder technische Darstellung von Bewegungsabläufen, wenn diese mit irgendeiner Trick-Technik produziert wurden. Somit ist 'Computer-Animation' hierzulande auch schon ein Synonym für 'Computerfilm' geworden, wobei es auch soviel heißen könnte wie 'Computer-Trickfilm' bzw. '-Video'. In engerem Sinne meint man aber meist die spezielle Anwendung dieser Technik im kommerziellen Bereich, sprich Werbung, Fernsehen und Simulation.
Beim Film werden normalerweise 24 Bilder pro Sekunde gezeigt (beim Fernsehen 25 - in Europa). Da die meisten heutigen Computergrafik-Computer kaum Einzelbilder mit dieser Geschwindigkeit berechnen können - vor allem wenn diese in Farbe und mit schattierten Flächen dargestellt werden sollen und die Szenerie komplex ist -, benutzt man meist die Methode der 'Non-Realtime'-Berechnung. Das heißt, die Objekte der Szenerie werden modelliert und die Bewegungsabläufe vordefiniert, und mit Hilfe dieser Daten wird dann - meist langwierig - Bild für Bild berechnet, zwischengespeichert und aufgezeichnet, auf Film oder Videoband.
Die einzelnen Schritte, Techniken und Methoden dazu sollen im folgenden erläutert werden.

Entwicklung der kommerziellen Computer-Animation

Wohl wegen der großen Faszination der computer-erzeugten Bilder und der erweiterten visuellen Darstellungsmöglichkeiten gegenüber Realfilm und Trickfilm wurde diese Technik schnell aus dem technischen und wis-

senschaftlichen Bereich heraus in den der kommerziellen Anwendung übernommen. Wurden zwar schon in den 70er Jahren einige Filme mit diesen Möglichkeiten ausgestattet, so kam dieser Bereich doch erst Anfang bis Mitte der 80er Jahre voll zur Geltung:
In Amerika wurden die ersten Computerfilm-Studios gegründet - von denen mittlerweile allerdings die meisten schon wieder zusammengebrochen sind bzw. transformiert wurden in andere Firmen - und sie belieferten vor allem die Fernsehstationen mit Logos, Titelsequenzen und Werbespots. Inzwischen ist hier ein weltweiter Markt entstanden, mit schätzungsweise 100 - 200 Firmen, die in diesem Bereich tätig sind.
Die dafür notwendige Technik wurde - und wird immer noch - von der sehr technischen Stufe, die nur Programmierer bedienen konnten, weiterentwickelt, so daß nun auch Grafiker, Film- und Video-Schaffende damit zu arbeiten befähigt wurden. Inzwischen gibt es rund 20 größere Firmen, die Geräte, Programme und Techniken für diesen Bereich herstellen und produzieren. Solche Computer-Animationssysteme stellen zur Zeit noch eine relativ hohe Investition dar, die von einigen 100-tausend DM bis zu Millionenhöhe gehen kann. Deshalb - und wegen der noch nicht unbedingt gesicherten Marktsituation - leisten sich vornehmlich Firmen aus dem Video- und Filmbereich diese neue Technik; Firmen, die sich allein auf dieses Feld begeben, haben es zur Zeit noch relativ schwer, konstante Erträge zu bringen. Die Zusammenbrüche einiger großer Firmen in diesem Bereich verdeutlichen dieses.

Trotzdem kann man davon ausgehen, daß die Entwicklung von Computer-Animationssystemen ähnlich weiterläuft wie die allgemeine im EDV-Bereich, nämlich die Tendenz zu kleineren, aber preiswerteren Systemen mit mehr Leistung und Bedienungskomfort. Wenn wir uns z.B. ansehen, was sich im sogenannten 'Home Computer'-Bereich tut, wo man heute schon für wenige tausend Mark grafik- und damit auch animationsfähige Tischcomputer mit der Leistung eines mittleren Rechenzentrums von vor 5 Jahren erhält, dann kann man sich vorstellen, daß Computer-Animation bald eine 'Allerwelts-Technik' wird. Natürlich wird es dann auch noch 'hi-end'-Systeme geben, die immer noch Möglichkeiten eröffnen, die auf kleinen Systemen nicht machbar sind und damit entsprechend selten und aufwendig bleiben müssen. Aber diese Tendenz besteht auf jeden Fall. So ist es durchaus realistisch, davon auszugehen, daß die heutigen 'hi-end'-Systeme bald in einem 'Schuhkarton' Platz haben und auf dem Tisch (oder im portablen Gerät) eines Amateurs stecken.

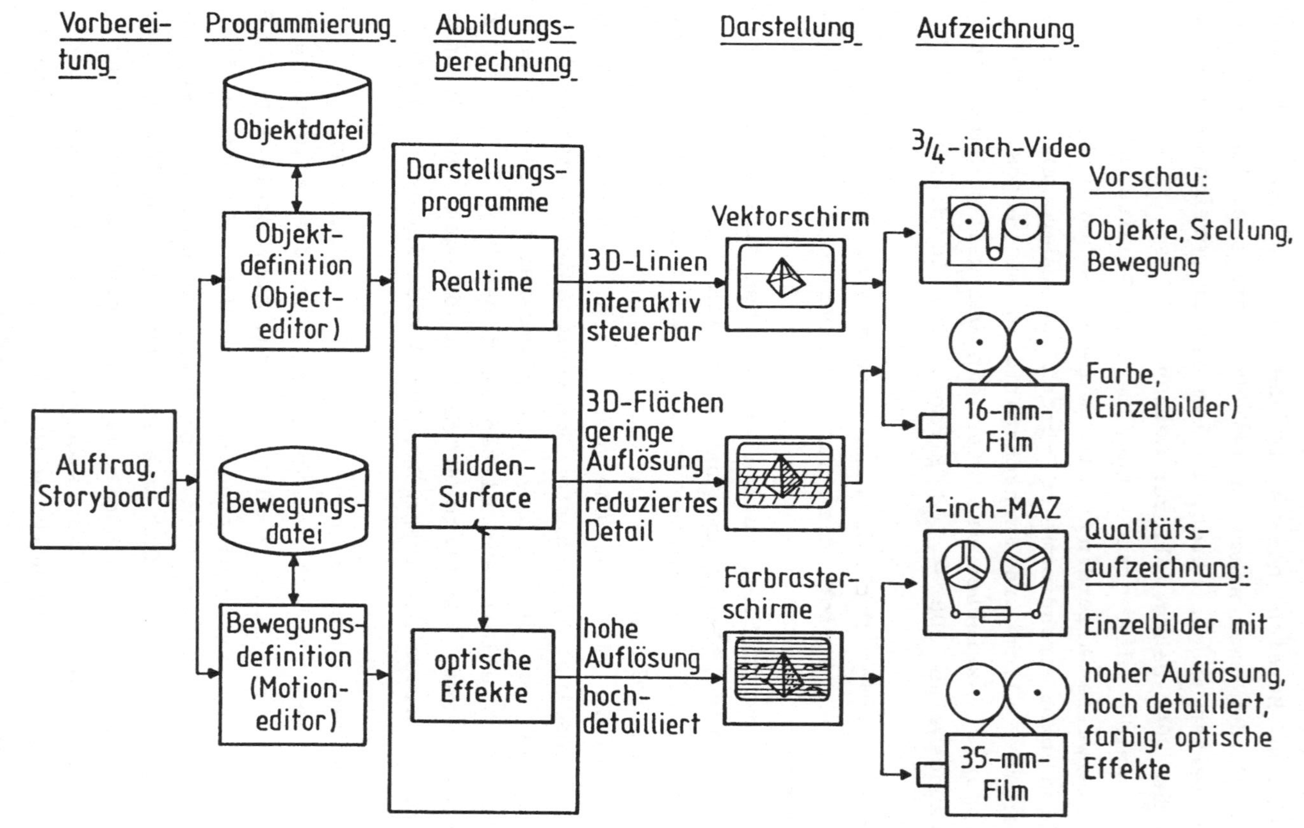

Abb. 1. Diagramm der Arbeitsabläufe der Computer-Animation.

Arbeitsschritte der Computer-Animation

Die meisten handelsüblichen Computer-Animationssysteme arbeiten mit ähnlicher Technik - Hardware - und Verfahren - Software.

Hardware:
Die Hardware besteht aus mindestens einem Grafik-Computer, meist einer sogenannten 'Workstation' oder 'Super-Workstation', wie sie auch im industriellen Bereich des 'Computer-Aided Design' (CAD) eingesetzt wird. Diese Workstation verfügt über Möglichkeiten der interaktiven Eingabe wie Maus und Grafik-Tablet, sowie Tastatur und Monitor, wie ein normaler Computer. Hinzu kommt ein hochauflösender Bildschirm, zumindest in Fernseh-Qualität, meist sogar besser mit ca. 800 Zeilen Auflösung und Farbdarstellung. Durch spezielle Hardware (Grafik-Chips) ist die Zeichengeschwindigkeit sehr schnell, so daß perspektivische Liniendarstellungen auch in Realtime berechnet und dargestellt werden können; das sind dann die bekannten 'Drahtmodell-Darstellungen' (Wireframe).
Für die Farbwiedergabe steht ein interner Bildspeicher zur Verfügung (Framebuffer), der meist über 3 x 8 Bitplanes für die drei Grundfarben Rot, Grün, Blau verfügt, womit sich beliebig feine Farbverläufe und Helligkeitsstufen zeigen lassen.
Da die Bildberechnung meist relativ zeitaufwendig ist (mehrere Minuten pro Bild im Durchschnitt) setzt man zusätzlich zur Workstation noch einen 'Super-Minicomputer' ein, welcher dann fast ausschließlich zur Bilderzeugung benutzt wird. Auch spezielle 'rendering engines', das sind spezielle Prozessoren für die Bildberechnung, werden schon eingesetzt.
Die berechneten Bilder werden dann zwischengespeichert, bevor sie aufgezeichnet werden, wozu man ein Magnetplatten-System verwendet. Dieses muß über entsprechend hohe Kapazität verfügen, da die erzeugten Bilder - in digitaler Form - auch recht viel Information enthalten und leicht 1 Megabyte pro Bild groß sein können.
Für die Aufzeichnung der Bilder stehen entweder spezielle Filmrecorder zur Verfügung, welche mit Auflösungen von bis zu 8000 Zeilen arbeiten können oder man arbeitet im Video-Format, wie es von Fernsehstationen benötigt wird. Für die - meist übliche - Videoaufzeichnung stehen spezielle Einzelbild-Recorder zur Verfügung, welche das normgewandelte Bildsignal aufzeichnen können.
Außerdem gibt es verschiedene Peripherie-Geräte, welche z.B. die dreidimensionale Eingabe von Objekten ermöglichen, Video-Bilder aufbereiten, damit sie als Hintergrund oder Musterung verwendet werden können,

Hardware Specifications

System Overview

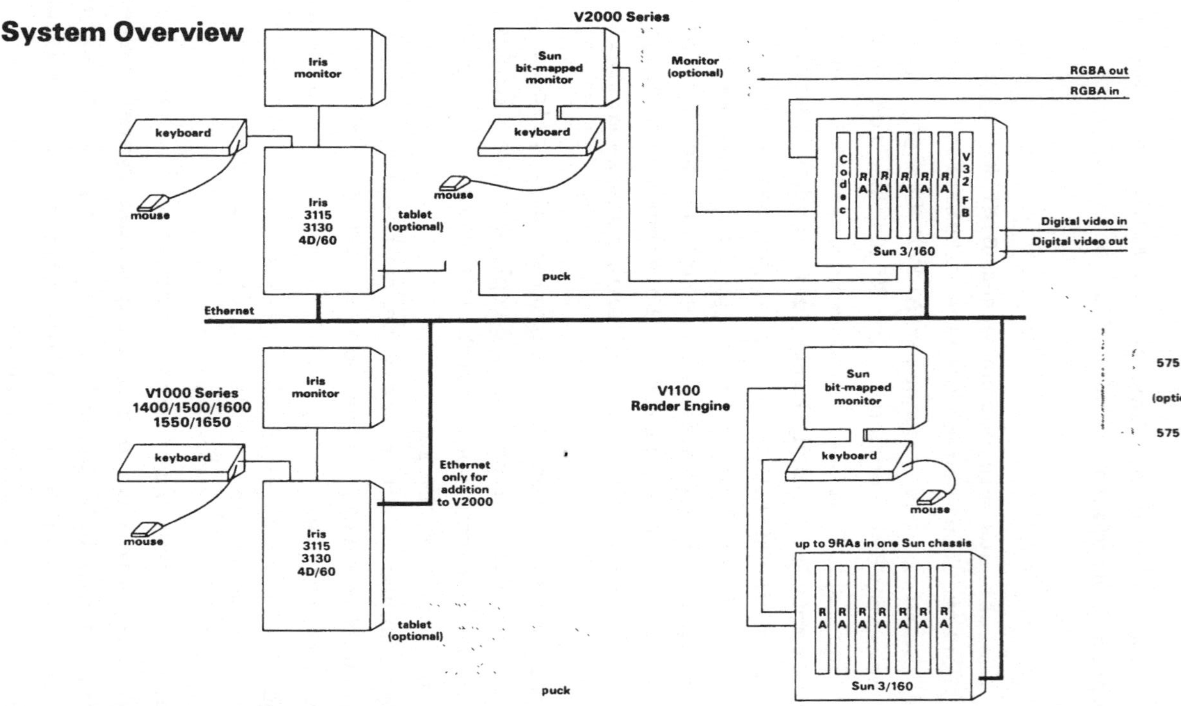

Vertigo System Configurations

Abb. 2. Hardware-Konfiguration eines kommerziellen Computer-Animations-Systems am Beispiel des VERTIGO-Systems von CUBICOMP, Hayward.

oder auch Hardcopy-Geräte, die Farbkopien der Bilder vom Bildschirm machen und vieles mehr.

Software
Die Software für Computer-Animation kann als fertiges 'Paket' gekauft werden, welche dann die verschiedenen Module für die einzelnen Arbeitsgänge der Computer-Animation enthält und die Möglichkeiten der jeweiligen Hardware-Konfiguration optimal ausnutzt. Oder aber einzelne Programme werden von verschiedenen Anbietern zusammengestellt bzw. erstellt. Diese Möglichkeit ist zwar meist preiswerter aber bereitet andererseits erfahrungsgemäß ziemliche Kompatibilitätsprobleme und ist damit etwas kritisch im Einsatz.
Da die Software-Pakete erheblichen Umfang haben und in oft jahrelanger Arbeit von speziellen Programmier-Teams erstellt worden sind und außerdem (noch nicht) in allzu großer Stückzahl verkauft werden, sind sie auch relativ teuer (oft 50- bis 100tausend DM und mehr). Zwar ist auch hier eine Tendenz zu beobachten, solche Programme billig zu bekommen - da die Techniken, Algorithmen, meist schon publiziert sind, ist es kein allzu schwieriges Unterfangen, solches zu leisten - aber trotzdem sollte der Aufwand, die Komplexität und die Erfahrung, die in solchen Paketen steckt, nicht unterschätzt werden. Um die in dieser Software steckende Investition zu schützen, wird diese meist nur im Maschinencode ausgeliefert und per Hardware-Kennung auf eine bestimmte Konfiguration 'ge-lockt', d.h. lizensiert, und außerdem wird der Abnehmer froh sein, bei 'Bugs' - die sicherlich noch in den Programmen stecken - die Unterstützung des Lieferanten zu haben, so daß sich 'Raubkopien' von selbst verbieten.

Module
Die Software ist meist in verschiedene Module unterteilt; erst neuere Systeme gehen dazu über, die einzelnen Module und Arbeitsschritte zu integrieren, so daß der Benutzer nur eine Arbeitsoberfläche bedient. Hier gibt es zur Zeit noch ziemliche Unterschiede in der Qualität - vor allem der Benutzerschnittstelle. Zwar bieten moderne Workstations schon viele Möglichkeiten des 'Windowing' oder von 'Pulldown-Menüs' etc., aber das wird noch nicht von allen Software-Systemen unterstützt. Der Grund hierfür mag darin liegen, daß man sich zum einen nicht zu sehr auf ein System festlegen wollte und die Schnittstelle möglichst kompatibel halten wollte und andererseits, daß die Hardware- bzw. System-Entwicklung der Computer-Hersteller oft schneller war als die Software-Entwicklung für Computer-Animation.

Aber grundsätzlich kann man heute von einigen wenigen Modulen ausgehen, die in der einen oder anderen Form in jedem Animations-System vorhanden sein sollten:

a) Modelling

Zur Modellierung der dreidimensionalen Objekte dienen verschiedene Methoden: Digitalisierung, Extrusion, Rotation, Kombination u.a. Die Beschreibung dieser Verfahren im einzelnen würde hier zu weit führen. Grundsätzlich arbeiten fast alle Systeme aber mit polygonalen Flächen oder/und mit Freiformflächen (Bezier- oder B-Spline-Flächen); kombinatorische Geometrie (CSG) und 'solid modelling' wie im CAD-Bereich wird wohl erst in Zukunft zu den Standard-Möglichkeiten zählen (weil z.Zt. noch zu rechenaufwendig). Das Modellierungs-Modul liefert Daten, welche die Geometrie und andere Parameter der Objekte beschreiben, wie z.B. Farbe, Material, Texturen u.a.

b) Animation

Mit der Festlegung der Veränderung der Objekte und deren Position in der Szene über die Zeit geschieht die Animation. Hierzu bedient man sich verschiedener Techniken:
Üblich ist die sogenannte Keyframe-Programmierung, wobei einzelne 'Schlüssel-Positionen' der Objekte zu verschiedenen Zeiten bzw. Bildphasen festgelegt werden und ein Programm dann die Zwischenphasen interpoliert bzw. berechnet. Weiter gibt es noch die Methode des 'motion path', wobei die Bewegungskurven von Objekten im Raum und in der Zeit den Bewegungsablauf vorgeben. Da sich meist die einzelnen Parameter der Objekte, Lichtquellen, Bewegungen der Kamera etc. über Programme von außen variieren lassen, sind auch Metamorphosen oder z.B. Farbveränderungen und Brennweiten-Variationen möglich.
Das Animationsmodul erzeugt ein Daten-File; welches die einzelnen Daten für jedes Bild festhält. Dieses entweder in parametrisierter Form (z.B. als b-spline Kurven) oder explizit.

c) Rendering

Unter Rendering versteht man die eigentliche Bildberechnung, wobei einem verschiedene Möglichkeiten zur Verfügung stehen.
Die meisten Algorithmen arbeiten nach einem Scanline/Z-Buffer-Prinzip, wobei pixel- und zeilenweise die Perspektive, Verdeckung, Schattierung, Textur und Reflexion und andere optische Effekte berechnet werden.

Die Ergebnisse dieser Berechnung werden als digitaler Wert für die drei Grundfarben gespeichert und können mittels eines Framebuffers betrachtet werden.
Nicht bei allen Systemen verfügbar ist schon Raytracing und Schattenwurf, welches aber sehr realistische Bilder ermöglicht. Da - wie gesagt - die Bildberechnung meist noch relativ zeitaufwendig ist, versucht man hier eher Tricks anzuwenden, die mit weniger Rechenaufwand ähnliche optische Effekte produzieren. Zu nennen sind hier vor allem die Technik des 'Reflection Mapping' und 'Refraction Mapping', die relativ gut Raytracing-Effekte nachbilden können. Ebenso dienen 'Texture-Mapping' und 'Bump-Mapping' dazu, die Objektkomplexität visuell zu erhöhen, ohne die Menge der Geometriedaten zu vergrößern.

Die Daten der berechneten Bilder werden digital abgespeichert, um die Datenmenge zu reduzieren benutzt man meist eine Form des Run-length encoding, trotzdem hat ein Bild im Video-Format oft einige hundert Kilobytes.

d) Recording
Recording ist das Aufzeichnen der Bilder auf Film oder Videoband. Hierbei stehen einem Benutzer vielfältige Möglichkeiten der Steuerung zur Verfügung. Zum Beispiel können hier Auf- und Abblenden, Sequenz-Wiederholungen oder ähnliches vorprogrammiert werden. Die Filmaufzeichnung unterscheidet sich von der Videoaufzeichnung dadurch, daß a) für Filmbilder meist mit höherer Auflösung gearbeitet wird (1000 oder 2000 Zeilen für 35mm-Film) und b) daß die Umwandlung der Bilddaten in analoge Werte im Filmrecorder selbst geleistet wird. Bei Video arbeitet man mit ca. 580 Zeilen (im PAL-Format) und die Digital-Analog-Wandlung geschieht durch die Schnittstelle des Framebuffers, meist nachgefolgt von einem Encoder, welcher die RGB-Signale in ein PAL-Bildsignal wandelt, wie es zur Aufzeichnung auf einem analogen Video-Recorder gebraucht wird (erst wenige Geräte verfügen über die Möglichkeit, direkt digital auf eine entsprechende Digital-Maz zu gehen).

e) Compositing
Als nicht unbedingt notwendige Funktion, die aber sehr hilfreich sein kann, muß das Compositing genannt werden. Dieses ist praktisch die Technik der 'Fotomontage', nur mit digitalen Methoden: Bilder oder Bildteile lassen sich damit ohne sichtbare Kanten zusammenfügen. Damit ist es leicht möglich z.B. Vordergrund-Szenerie und Hintergrund getrennt zu berechnen - was meist schneller geht als die komplette Szene - und dann mittels Masken zusammenzufügen.

f) Paint

Einige Systeme haben noch ein sogenanntes Paint-Programm integriert, welches sowohl die nachträgliche Bearbeitung von berechneten Bildern ermöglicht und auch die zeichnerische Erstellung von Mustern, Texturen und Hintergründen. Da die üblichen Computer-Animationssysteme aber nicht speziell für diese Anwendung gebaut sind - und damit vornehmlich zu langsam - kann solch ein Programm eigentlich nur als Hilfsmittel dienen. Eine in einem Video-Haus meist vorhandene spezielle Paintbox leistet da bessere Dienste.

g) Frame Grab

Zur Eingabe von Video-Bildern, die z.B. von einer Kamera stammen oder von einem Videoband, muß noch eine Möglichkeit vorhanden sein, diese Bilder zu digitalisieren, d.h. sie in das digitale Bildformat des Animationssystems zu konvertieren. Damit lassen sich dann Realbilder mit computer-erzeugten Szenen kombinieren.

Zu diesen genannten Modulen kommen noch viele Hilfsprogramme und Funktionen, die hier nicht alle im einzelnen beschrieben werden sollen. Diese stellen meist bestimmte Extra-Möglichkeiten der einzelnen Module dar, z.B. Zoom-Funktion von Bildern oder Realtime Preview von Animationen oder die halbautomatische Objektgenerierung etc.

Benutzeroberfläche

Zur Bedienung der Computer-Animationssysteme hat man meist Menüs zur Verfügung, welche per Maus ausgewählt werden. Am interaktiven Grafik-Bildschirm sieht man die Aktionen sofort und kann eventuell korrigieren.

Da die Systeme über eine Unmenge von Funktionen und Optionen verfügen, ist es kein leichtes, sich hier einzuarbeiten. Auch wenn die Benutzeroberfläche gut gestaltet sein sollte und das System fehler-tolerant ist und den Benutzer unterstützt, ist es doch bisweilen recht enervierend, damit zu arbeiten - vor allem, wenn einige Funktionen nicht das tun, was sie sollten, oder wenn sogar Programm-Crashs auftreten, die einen Teil der mühsam geleisteten Arbeit wieder zunichte machen.

Zwar ist die Rechnerleistung der modernen Systeme schon erstaunlich hoch - vor allem verglichen mit Systemen von vor wenigen Jahren - trotzdem ist es noch längst nicht genug ... das merkt man z.B., wenn man eine sehr komplexe Szenerie auf dem Bildschirm hat und ein bestimmtes Objekt auswählen oder bewegen will und es merklich lange dauert, bis sich etwas tut. Hier stößt man dann an die Grenze der Interaktivität mit den heutigen Systemen. Selbst eine Verdopplung oder Verdreifachung des Durchsatzes bringt hier nicht viel, erst eine

Potenzierung der Leistung wird Funktionen wie Multi-Windowing mit 3D-Grafik wirklich arbeitsfähig werden lassen. Aber das wird sicherlich kommen, so versprechen wenigstens die Hardware-Hersteller: schnellere Chips wahrscheinlich auf Risc-Basis, Parallel-Processing, z.B. mit Transputern und so weiter.

Das Arbeitsmedium des Computer-Animators ist der Bildschirm, aber leider haben die grafischen Bildschirme heutzutage selten mehr als 1000 Zeilen Auflösung und außerdem wird meist das Videoformat mit noch weniger (500 - 600) Zeilen verwendet, so daß die Bildqualität nicht besonders gut ist und damit vor allem bei dauernder Arbeit anstrengend, vielleicht sogar schädlich. Aber auch hier ist man sicherlich bemüht, Verbesserungen zu schaffen, sowohl was die Auflösung angeht aber auch die Bildwiederholfrequenz, um lästiges Bildflimmern zu vermeiden.

Neben der interaktien Arbeitsweise gibt es natürlich auch noch die Möglichkeit, das System direkt zu programmieren. Entweder über Betriebssystem-Funktionen - vor allem bei dem vornehmlich in diesem Bereich eingesetzten Unix-Betriebssystem ist das leicht möglich - oder über verschiedene Programmiersprachen von Basic über C bis Fortran z.B. - Programme oder Prozeduren, die man so erstellt, erlauben einem oft erst den ganzen Umfang der Leistung eines Animationssystems auszunutzen. Vor allem, wenn Szenen von hoher Komplexität und viele Objekte mit unterschiedlichen Bewegungsabläufen dargestellt werden sollen.

Zusatzfunktionen

Einige Firmen bieten die Möglichkeit, mittels spezieller Programme natürlich aussehende Landschaften zu generieren ('natural phenomenon'), die mit Fractal-Techniken oder Graftals arbeiten. Weiterhin gibt es verschiedene Schnittstellen zu gebräuchlichen CAD-Paketen, um Daten aus dem industriellen Bereich verarbeiten zu können. Aber trotzdem erfordern solche Programme noch nachträgliche Bearbeitung auf dem Animationssystem, da oft nicht solche Datenmengen benötigt werden, um einen realistischen Eindruck zu erhalten, und auch um bestimmte Fehler, die erst in der Darstellung sichtbar werden, zu beseitigen.

Erwähnt werden soll noch die Möglichkeit, auch Druckvorlagen zu erzeugen und mittels vorgegebener Schriftsätze schnell Titel und ähnliches zu produzieren.

Die Entwicklung weiterer Interfaces zu verschiedenen Systemen ist noch in der Entwicklung. Aber man kann sich leicht vorstellen, daß man hier bald kompakte Systeme angeboten bekommt, die die verschiedensten Arbeiten sowohl im 'still picture'-Bereich als auch im Animationsbereich leisten können.

Ausbildung und Training

Da dieses Feld noch relativ neu ist - zumindest hierzulande -, gibt es kaum angemessene Ausbildungsmöglichkeiten für interessierte Animators, wie z.B. in den USA, wo jede größere Universität eine recht gut ausgestattete Computer Graphics-Abteilung hat. Zwar kann man sich die technischen Vorkenntnisse durch spezielle Informatik-Studien erarbeiten, doch das 'Handwerk' der Computer-Animation kann eigentlich nur in der Praxis erlernt werden. Das heißt in dem Fall bei einer der wenigen Firmen.

Die Firmen allerdings müssen selbst auf Trainingskurse bei den System-Herstellern zurückgreifen, wo die Benutzer grundsätzliche Einführungskurse über Betriebssystem und Bedienung erhalten. Diese Trainingskurse können natürlich auch nur Basis-Wissen vermitteln, die Erfahrung mit dem System kann erst durch die längere praktische Arbeit damit gewonnen werden.

So sind Programmierkenntnisse heute zwar nicht mehr unbedingt notwendig, um einen Animations-Auftrag auszuführen, aber doch sehr hilfreich, wenn es darum geht, bestimmte spezielle Effekte zu erzielen und auch mit Fehlern im System umgehen zu können. So ist es heute auch empfehlenswert, im Team zu arbeiten, denn bei der Komplexität der Systeme, kann einer allein kaum alles kennen und beherrschen.

Einsatz und Marktsituation

Nach einer vor wenigen Jahren eingesetzten relativ euphorischen Gründungsphase von Computer-Animationsstudios, ist nun eher eine Phase der Ernüchterung eingetreten.

Zum einen können die exorbitant hohen Produktionspreise der Anfangszeit - als es etwas sehr spezielles und aufwendiges war - nicht mehr verlangt werden. Und durch die Verfügbarkeit von preiswerten 'low cost'- und 'turnkey'-Systemen sind konkurrierende Firmen im Markt tätig, die sich sehr genau über Kalkulationen und Angebote informieren müssen, um rentabel arbeiten zu können. Der Haupteinsatzbereich der - kommerziellen - Computer-Animation ist nachwievor Werbung, Openings und Titel für Fernsehstationen. Sekundenpreise für Spots liegen bei rund 1000 DM bis 5000 DM, je nach Aufwand, Länge etc. Gut ausgerüstete Video-Häuser verfügen über digitale Effektgeräte, die einige der Computereffekte auch per Hardware in Realtime bewältigen können. Damit ist es dann leichter, bestimmte Anforderungen der Kunden zu erfüllen. Überhaupt ist es zur Zeit empfehlenswert, eine Kombination verschiedener Techniken und Effekte einzusetzen und nicht alles 'rein computer-erzeugt' herzustellen.

Ein Problem, das sich zur Zeit noch stellt, ist die oftmals nicht vorhandene Information der Kunden, was Möglichkeiten und Grenzen der momentanen Systeme angeht, und damit verbunden eine nicht entsprechende Ausnutzung der Möglichkeiten bzw. im Gegenteil auch eine Überschätzung des Machbaren. Aber dieser Prozeß kann erst nach einer ausreichend langen Phase der Kenntnis und Erprobung stattfinden.

Künstlerische Auswirkungen

Die neuen Möglichkeiten der Visualisierung, welche dieses Medium bietet, z.B. die Aufhebung physikalischer Gesetze bzw. die Möglichkeit der Bildung neuer Gesetzmäßigkeiten, was sich in Form von Objekt-Metamorphosen oder der Einnahme von 'unmöglichen' Blickpunkten, Materialien und Formen zeigen läßt und vieles mehr, sind erst noch in der Entwicklung. Vorerst ist das Medium noch in einem Stadium der Erforschung und Experimente - vielleicht sogar nur der Imitation von mit herkömmlichen Techniken Machbarem.
Auch sind die modernen Systeme noch sehr 'primitiv' trotz des technischen Standes, der schon gegeben ist. Doch die Grenzen werden schnell erfahren und nach anfänglicher Euphorie setzt sehr schnell eine Frustration ein, die ihren Grund eben in jenen 'Noch-zu-wünschen-übrig-lassen'-Punkten hat. Wahrscheinlich werden zukünftige Systeme mit Methoden der 'künstlichen Intelligenz' arbeiten, um dem Benutzer Hilfestellung zu geben, um Objekte, Bewegungen und Visualisierungen zu produzieren, die zwar 'denkbar' sind, aber momentan doch nur unter größtem Aufwand zu realisieren.
Entwicklungen in dieser Richtung sind z.B. schon Zusatzpakete, die das Modellieren von 'natürlichen' Objekten und Strukturen erlauben. Diese arbeiten oft mit 'Fraktalen' oder 'Graftalen', um z.B. Gebirge, Wolken oder Pflanzen zu generieren.
Was zur Zeit noch fehlt sind wirklich komfortable Eingabemethoden, die vielleicht mit Techniken der automatischen Objekterkennung arbeiten oder dem Animator Möglichkeiten bereitstellen, Modelle im Computer zu produzieren, was einfach, augenfällig, interaktiv und 'natürlich' von statten gehen müßte - vielleicht unter Einsatz von Arbeitsweisen, wie sie im Bereich der Skulptur verwendet werden: kneten, biegen, stanzen, schneiden, kleben, schweißen, schmelzen usw. Das ist heute nur sehr beschränkt möglich. Ein Problem hierbei ist auch das Fehlen der tak-

tilen Sensation: Alles funktioniert mehr oder weniger über den visuellen Kanal der Wahrnehmung und der Eindruck von Räumlichkeit und Form wird nur über Perspektive, Bewegung, Schattierung und Lichteffekte erzeugt.

Diese Entwicklung wird schätzungsweise noch einige Jahre oder sogar Jahrzehnte brauchen. Die dafür auch notwendige Hardware-Entwicklung - schnellere Rechner, wahrscheinlich mit paralleler Struktur, mehr Speicherplatz, schnellere hochauflösende Grafik usw. - schreitet voran.

Ausblick

Aber trotz all der Faszination, die dieses neue Medium bietet, und der erstaunlichen Leistung, die es darstellt, Ansichten von synthetischen Wäldern, Wolken und Wellen zu generieren, sollte man doch nicht übersehen, daß es noch (!) natürliche Wälder, Wolken und Wellen gibt, und wir hoffentlich nicht in die Lage kommen werden, uns mit den synthetischen Gebilden begnügen zu müssen, weil die Wälder verrottet, die Wolken strahlend und die Wellen giftig geworden sind ...

Literatur

Andree, H.-J.: Computergraphics und Computerfilm - neue Tendenzen. Fernseh- und Kino-Technik Bd. 41 (1987) Nr. 8, S. 341 ff, Nr. 9, S. 395 ff, Nr. 10, S. 463 ff, Nr. 11, S. 527 ff.

Eine neue Prozessorarchitektur zur Parallelisierung arithmetischer Operationen

Manfred Bischof
CIS Graphik & Bildverarbeitung GmbH
Helmholtzstr. 21
4060 Viersen 1

Abstract

Echtzeitgraphik und interaktive realistische Darstellung großer hierarchischer Modelle verlangt erhebliche Rechenleistung für Floatingpoint-Graphikoperationen. Insbesondere graphikintensive Anwendungen können mehr Rechenleistung absorbieren, als die graduellen Verbesserungen durch herkömmliche Weiterentwicklung erreichen können. Der heutige Stand der Technik in der Halbleitertechnologie setzt der Forderung nach deutlicher Steigerung der Graphikleistung von Workstations physikalische Grenzen. Das Konzept der Parallelisierung komplexer graphischer Algorithmen ist ein erfolgreicher Weg, die notwendige Leistungssteigerung zu erreichen. Die Architektur der Workstation GX4000 basiert auf diesem Konzept.

Realtime graphics and interactive realistic imaging of large hierarchical models requires significant compute power for floating-point graphics operations. The demand for high performance cannot be met by the gradual improvements of traditional hardware design. The concept of parallel processing of complex graphical algorithms provides the capabilities to achieve the necessary high performance. The architecture of the GX4000 workstation is based on this concept.

Im folgenden wird eine Graphik-Prozessor-Architektur beschrieben, die es ermöglicht, bis zu acht identische Prozessoren miteinander zu kombinieren und parallel arbeiten zu lassen. Diese Prozessoren können vom Anwenderprogramm so angesprochen werden, als ob es sich um einen einzelnen Prozessor handelt. Dieses ermöglicht einerseits eine einfache Softwareentwicklung wie bei einem Ein-Prozessor-System, andererseits aber kommen die Vorteile eines Mehr-Prozessorsystems bei der Berechnung komplexer graphischer Algorithmen voll zum Tragen.

In diesem speziellen Fall ist die Firma Raster Technologies (Westford, USA) bei dem Graphiksubsystem GX4000 so weit gegangen, den nominierten Graphikstandard PHIGS+ auf Firmware, d.h. auf die eigentlichen Graphikprozessoren, zu verlagern, um eine optimale Leistung des Gesamtsystems, Workstation + Graphikbeschleuniger unter Verwendung eines Graphikstandards zu erreichen. Workstationbasis für das Graphiksubsystem GX4000 sind die Modelle Sun 3/200 und Sun 4/200 der Firma Sun Microsystems.

Eine Parallel-Prozessor-Architektur für graphische Anwendungen muß im wesentlichen zwei Grundanforderungen erfüllen, um effektiv genutzt werden zu können. Das bedeutet, es muß zum einen dafür gesorgt werden, daß die Graphikoperationen gleichmäßig zwischen den Prozessoren aufgeteilt werden, um eine optimale Gesamtprozessorleistung zu erreichen, zum anderen müssen die Resultate von Mehrprozessor-Operationen selbstverständlich identisch mit den Resultaten von Einprozessor-Operationen sein.

Mit anderen Worten: Wenn der Anwender in seinem System mehrere Prozessoren zusätzlich installiert, was bei dem hier beschriebenem System leicht möglich ist, darf er in seiner Applikation nur eine Änderung feststellen und zwar die, daß sich die Performance seiner Anwendung nahezu linear gesteigert hat.

Bearbeitungsreihenfolge von Graphikoperationen

Bei vielen Graphikoperationen spielt die Reihenfolge der Abarbeitung der Befehle keine Rolle. So ist es zum Beispiel gleichgültig, in welcher Reihenfolge die Vektoren eines Gittermodells gezeichnet werden, solange die Vektorfarbe nicht geändert wird. Das gleiche gilt für schattierte Flächenmodelle, die mit dem "hidden surface removal" - Algorithmus unter Verwendung eines Z-Buffers berechnet werden.

Andere Befehle dagegen müssen sequentiell bearbeitet werden. Dazu gehören z.B. das Ändern der Zeichenfarbe, das Laden einer neuen Transformationsmatrix, das Setzen von Pattern- oder Farbregistern sowie Rücklesebefehle. Eine einfache Methode zur Ausführung eines sequentiellen Befehls in einem Mehrprozessorsystem ist dadurch gegeben, daß in diesem Fall alle Prozessoren ihre momentane Operation beenden, um dann zu warten bis der sequentielle Befehl von einem einzigen Prozessor bearbeitet worden ist. Anschließend werden die reihenfolgeunabhängigen

Befehle wieder parallel verarbeitet. Diese Methode reduziert aber drastisch den Systemdurchsatz sobald in einer Applikation ein gewisser Prozentsatz von sequentiellen Befehlen vorhanden ist. Diese Ineffektivität kann man aber stark minimieren, indem man einen Mechanismus einfügt, der sequentielle Befehle erst dann in die richtige Befehlsfolge bringt, wenn diese - aufgesplittet in Low-Level-Primitives wie Vektoren, Dreiecke und Bitblock-Operationen - an die eigentlichen Zeichenprozessoren auf den Bildspeicherkarten weitergegeben werden.

Architektur und Befehlsfluß

Um den soeben angedeuteten Mechanismus genauer verstehen zu können, muß man die Gesamtarchitektur des GX4000 Graphiksubsystems sowie den Befehlsfluß innerhalb des Systems betrachten.

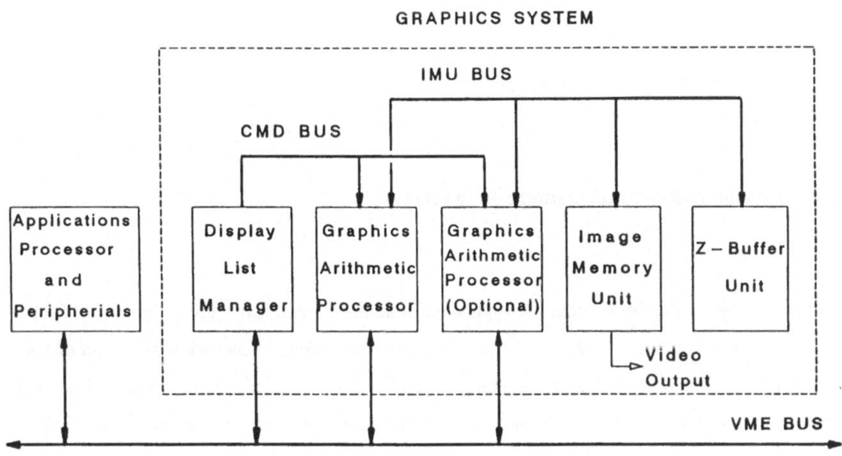

Abb. 1. Architektur der GX4000

Das System GX4000 besteht aus vier unterschiedlichen Modulen, die jeweils einen Steckplatz im Sun VMEbus Chassis belegen. Auf dem "Display List Manager" Board befindet sich im wesentlichen der Segmentspeicher sowie ein 20 MIPS Bit-Slice-Prozessor zur Verwaltung des gesamten Graphiksystems. Der Displaylistmanager übernimmt die Ausführung der vom Anwenderprogramm auf der Workstation CPU erzeugten Graphikbefehle. Durch Verlagerung der Befehlsausführung in diesen Prozessor wird der Workstationprozessor frei für andere Aufgaben. Der Displaylistmanager kombiniert die eingehenden Befehle mit Informationen, die im Segmentspeicher enthalten sind und gibt diese weiter an die Graphik Arithmetik Prozessoren. Diese bearbeiten alle komplexen Berechnungen wie Transformationen, Clipping, Lichtmodell. Nach den Berechnungen transferieren sie Low-Level-Primitives über den IMU-Bus an die Bildspeichereinheit, auf der sich die Zeichenprozessoren befinden. Bei 3D-Geometrien geht zusätzlich für jeden Bildpunkt eine Tiefeninformation an die Z-Buffer-Einheit.

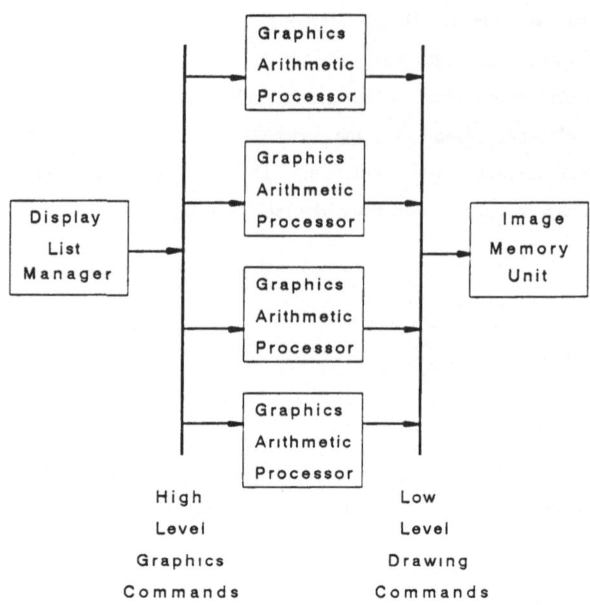

Abb. 2. Befehlsfluß

Verteilung der Graphikbefehle auf mehrere Prozessoren

Der Displaylistmanager ist mit den Graphik-Arithmetik-Prozessoren über einen 32 Bit Command Bus (CMD Bus) verbunden. Anfallende Befehlsdaten aus dem Anwendungsprogramm werden an den oder die entsprechenden Prozessoren weitergegeben, sobald dieser bzw. diese frei sind. Es sind vier verschiedene Weitergabemöglichkeiten vorgesehen, die im ersten Wort des Befehlssatzes, dem "Command-Header", verschlüsselt sind:

1) Keine Weitergabe des Befehls, da dieser kein ausführbarer Graphikbefehl ist, z.B. Einfügen von Label in den Segmentspeicher.

2) Weitergabe des Befehls an alle Prozessoren, da dieser den Status aller Prozessoren ändert, z.B. neue Transformationsmatrix, Lichtquellen u.s.w.

3) Weitergabe des Befehls an einen bestimmten Prozessor, dessen Input-Buffer am wenigsten gefüllt ist. Dies gilt im wesentlichen für alle Graphikbefehle, die nur den Bildspeicher verändern.

4) Weitergabe des Befehls an einen bestimmten Prozessor, der ggf. über bestimmte spezialisierte Eigenschaften verfügt.

Verteilungsmechanismus

Für das GX4000 wurde von Raster Technologies ein spezielles Verfahren zur Verteilung der anfallenden parallelisierbaren Befehle auf die Graphik-Prozessoren entwickelt:
Jeder Prozessor besitzt einen "command input FIFO", der die vom Displaylistmanager gesendeten Befehle zwischenspeichert. Dieser Buffer ist 512 Long-words tief und kann mehrere Befehle speichern. Ein Prozessor fordert neue Befehle mit zweistufiger Priorität an. Die hohe Priorität ist gegeben, wenn der Buffer völlig leer ist, die niedrige Priorität, wenn er weniger als halb gefüllt ist. Ist der Buffer mehr als halb gefüllt, werden keine weiteren Befehle angefordert, um ein Überlaufen des Buffers und damit einen Stau auf dem Command-Bus zu vermeiden. Wenn mehrere Prozessoren gleichzeitig den Status mit niedriger Priorität anzeigen, d.h. alle Buffer sind weniger als halb gefüllt, wird derjenige gewählt, der für seine anliegenden Befehle die geringste Prozeßzeit verbrauchen wird. Diese Unterscheidung ist möglich, da nicht alle Befehle die gleiche Ausführungszeit haben und im "Command header" der Befehlstyp verschlüsselt ist.

Architektur des Graphik-Arithmetik-Prozessors (GAP)

Der GAP besteht im wesentlichen aus vier Elementen:

-   Graphics command inputcontroller (+ input FIFO)
-   Processor core
-   Tag FIFO (Zusatzbuffer)
-   Drawing command output controller (+ output FIFO)

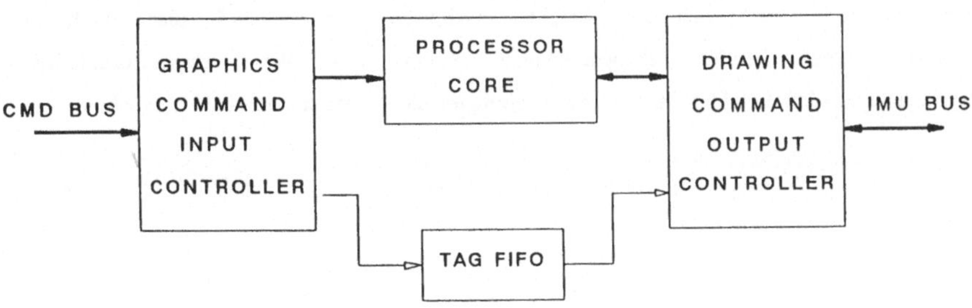

Abb. 3. Graphik Arithmetik Prozessor, Block Diagramm

Der "input controller" erhält Befehle und Daten vom Displaylistmanager entsprechend des oben erläuterten Aufteilungsmechanismus und der Eintragung im "command header". Sobald ein "command header" vom "command input FIFO" gelesen wird, wird ein Eintrag in den 64 x 2 bit großen "tag FIFO" vorgenommen. Dieser Buffer wird benötigt, um die Reihenfolge aller sequentiellen Befehle aller Prozessoren sowie die Befehle dieses speziellen Prozessors zu überwachen. Aus dem entsprechenden Eintrag ist zu erkennen, ob ein Befehl zu diesem Prozessor gehört, und ob es sich um einen sequentiellen Befehl handelt.

Dieser "tag FIFO" ist der eigentliche Schlüssel zur Erreichung eines optimalen Durchsatzes von sowohl parallelen als auch sequentiellen Befehlsfolgen, denn der Output dieses Buffers wird verwendet, um die richtige Reihenfolge der Low-Level-Befehle bei der Weitergabe an die Bildspeichereinheit zu bestimmen.

Der eigentliche Prozessorkern ist ein microcodierter 32 Bit Prozessor, der die anfallenden Arithmetikoperationen ausführt. Dieser Prozessor liest die "high-level-Graphikbefehle" aus dem Inputbuffer, bearbeitet diese und schreibt Bildspeicherbefehle, die von den Zeichenprozessoren auf den Bildspeichereinheiten ausgeführt werden können, in den "drawing command output controller".

Die Logik der "drawing command output controller" verwendet einen 512 x 36 Bit tiefen "Output FIFO", um die richtige Reihenfolge von sequentiellen Befehlen sicherzustellen. Für das Festlegen dieser Reihenfolge von sequentiellen Befehlen werden die Einträge im "tag FIFO" wie folgt zu Hilfe genommen:

Zeigt der "tag FIFO", daß in einem der GAP's ein sequentieller Befehl bearbeitet wird, wartet der "output controller" bis alle GAP's die gleiche Stelle im Programm-Befehlsfluß erreicht haben. Dies ist möglich, weil alle Prozessoren einen Eintrag in ihrem "tag FIFO" vornehmen, wenn im Befehlsfluß ein sequentieller Befehl vorkommt - obwohl dieser Befehl nur von einem einzigen GAP bearbeitet wird. Dieser GAP sendet dann die Ergebnisse des sequentiellen Befehls weiter an die Bildspeichereinheit und informiert alle anderen GAP's entsprechend. Diese setzen dann mit Hilfe ihrer "output FIFO's" den Befehlsfluß der ggf. in der Zwischenzeit bearbeiteten Operationen zu den Zeichenprozessoren auf der Bildspeichereinheit fort. Durch diese Logik ist es also möglich, daß auch bei der Bearbeitung eines sequentiellen Befehls in einem GAP die vorhandenen anderen GAP's weiterhin Befehle ausführen können und die Ergebnisse in den entsprechenden "output FIFO's" ablegen können. Somit wird die Gesamtprozessorleistung beim Auftreten von sequentiellen Befehlen in der Regel überhaupt nicht oder nur minimal abfallen.

Dieser Beitrag ist angelehnt an eine Veröffentlichung von John G. Torborg (Raster Technologies):

"A Parallel Processor Architecture for Graphics Arithmetic Operations", ACM Computer Graphics, Volume 21, No. 4, pp 197-204, Anaheim 1987

Darstellung zwei- und dreidimensionaler Strömungen

Harald Duvenbeck, Alfred Schmidt
Sonderforschungsbereich 256
Institut für Angewandte Mathematik
Universität Bonn
Wegeler Str. 6
5300 Bonn

Abstract

Der Beitrag behandelt Aspekte und Probleme der graphischen Darstellung von numerisch berechneten Strömungen auf zweidimensionalen Mannigfaltigkeiten und in dreidimensionalen Gebieten. Zunächst werden die partiellen Differentialgleichungen der Strömungsmechanik (Navier-Stokes-Gleichungen) und die hier verwendeten Algorithmen zur numerischen Lösung dieser Gleichungen angegeben. Es werden dann unterschiedliche Darstellungsformen für Strömungen vorgestellt und verglichen.

This paper discusses the visualisation of numerically computed flows on two-dimensional manifolds and in three-dimensional regions. We present the partial differential equations of fluid flow (Navier-Stokes equations) and algorithms for their numerical computation. In the main part of the paper we present and compare various methods for the graphical representation of fluid flows.

Einleitung: Numerisch berechnete Strömungen

Problemstellung

Die stationäre Strömung einer viskosen inkompressiblen Flüssigkeit in einem Gebiet Ω wird durch die Lösung der Navier-Stokes Gleichungen beschrieben. Dieses System von partiellen Differentialgleichungen lautet:

$$-\frac{1}{Re}\Delta u + (u \cdot \nabla)u + \nabla p = f$$
$$\nabla \cdot u = 0$$

mit geeigneten Randbedingungen in einem Gebiet $\Omega \subset I\!R^3$. Dabei bezeichnet

- die vektorwertige Funktion $u(x)$ die Geschwindigkeit im Punkt x,

- die skalare Funktion $p(x)$ den Druck,

- die vektorwertige Funktion $f(x)$ eine wirkende Kraft,

- der Parameter Re die Reynoldszahl der Strömung.

Re ist unter anderem abhängig von der Viskosität der Flüssigkeit; große Reynoldszahlen entsprechen geringer Viskosität. Im Experiment führt geringe Viskosität dazu, daß schon geringe äußere Kräfte die Strömung turbulent werden lassen. In der Numerik spiegelt sich dies in der Tatsache wieder, daß die verwendeten Lösungsverfahren instabil werden. Probleme der numerischen Berechnung der Lösung und der Eindeutigkeit der Lösung für große Reynoldszahlen sollen hier nicht betrachtet werden.

Die darzustellenden Daten seien wie folgt gegeben:

- das beschränkte Gebiet $\Omega \subset I\!R^3$,

- die berechnete stationäre Strömung in Ω, beschrieben durch das Geschwindigkeitsfeld u.

Dies ist die einfachste Art, wie eine Strömung gegeben sein kann. Zusätzlich könnten vorliegen:

- weitere Zustandsfunktionen in Ω wie Druck, Dichte oder Temperatur,

- eine zeitabhängige (instationäre) Strömung,

- eine parametrisierte Familie von Strömungen (z.B. durch Materialeigenschaften).

Wir wollen uns hier mit der Darstellung von stationären Strömungen in beschränkten Gebieten mit Hilfe statischer Bilder beschäftigen. Wir beziehen uns auch auf farbige Graphiken, doch leider können die Beispiele hier nur in schwarz-weißer Darstellung eingefügt werden, obwohl die Originale farbig erzeugt wurden. Die zusätzlichen Möglichkeiten der Einfärbung von Linien und Flächenstücken tragen sehr zum einfachen Verständnis und Erkennen bei.
Am Ende des Artikels werden noch einige kurze Bemerkungen zu bewegten Graphiken gemacht.

Numerische Beispiele

Anhand der folgenden Strömungen wollen wir beispielhaft die Möglichkeiten zur Darstellung zeigen:

- Strömung auf der Sphäre:
  Die Strömung auf der Oberfläche der Sphäre $S^2 \subset I\!\!R^3$ wird beschrieben durch:

$$
\begin{aligned}
-\frac{1}{Re}\Delta_T\, u + (u \cdot \nabla_T\,)u + \nabla_T\, p &= f \\
\nabla_T \cdot u &= 0 \\
u \cdot n &= 0
\end{aligned}
$$

  Dabei sei n die äußere Normale an S^2. Der Index T deutet an, daß jeweils nur die tangentiale Komponente des Laplace- bzw. Nabla-Operators berücksichtigt wird. Wir berechneten die Strömung auf der Sphäre für unterschiedliche Viskositäten (Reynoldszahlen) und mit einem ellipsenförmigen Hindernis.

- Strömung in 3-dimensionalen Gebieten:
  Zwei verschiedene Strömungen werden als Beispiele verwendet. Eine Strömung im Würfel, bei der die Flüssigkeit an der oberen Seitenfläche mit konstanter Geschwindigkeit tangential bewegt wird. An allen anderen Seiten besteht eine Haftbedingung. Zweites Beispiel ist die Strömung über eine Stufe, bei der die Flüssigkeit an den seitlichen und unteren Wänden ebenfalls haftet.

Numerisches Verfahren

Die Geschwindigkeit u wurde mittels nichtkonformer finiter Elemente approximiert. Im 2-dimensionalen Fall sieht die Basis dieses Finite-Elemente-Raums auf dem Einheitsdreieck wie folgt aus:

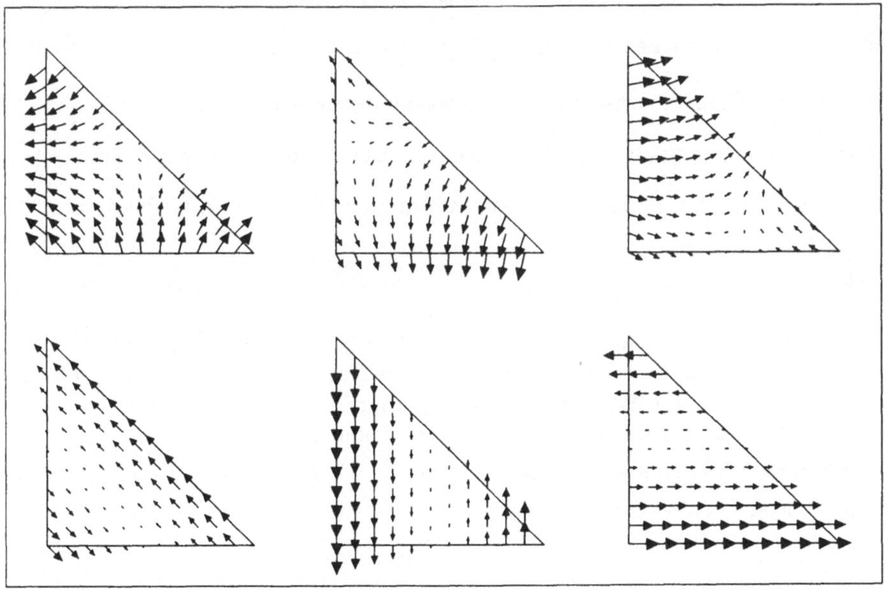

Die diskreten Gleichungssysteme wurden mit einem Newton-Verfahren oder einem nichtlinearen CG-Verfahren gelöst.

Nähere Informationen und Beschreibungen der verwendeten numerischen Verfahren finden sich in der einschlägigen Literatur. Da wir hier hauptsächlich die Darstellung von Strömungen behandeln wollen, belassen wir es bei diesen kurzen Bemerkungen zur Numerik.

Graphische Darstellung von Strömungen

Mit Hilfe der heute verfügbaren leistungsfähigen Rechner, in Verbindung mit effizienten Algorithmen, ist eine relativ schnelle und genaue numerische Berechnung von 2- und 3-dimensionalen Strömungen möglich. Die Fülle der anfallenden Daten und Ergebnisse ist so groß, daß eine übersichtliche Aufbereitung ohne die Hilfe der Computergraphik unmöglich ist. Dazu gehört z. B. die überlagerte Darstellung verschiedener, aber zusammengehöriger Daten wie Druck oder Temperatur und Geschwindigkeit. Auch die Auswahl und Erkundung von besonders interessanten Teilgebieten der berechneten Strömung kann bislang nur graphisch-interaktiv erfolgen.

Nicht nur bei der Darstellung der Ergebnisse, sondern auch und besonders während der Programmentwicklung ist eine graphische Kontrolle z. B. von Randbedingungen, Diskretisierung und Zwischenergebnissen unbedingt erforderlich, um auftretende Fehler schnell (oder überhaupt) zu entdecken.

Wir wollen uns hier hauptsächlich auf die Darstellung der Geschwindigkeit beziehen. Zur Visualisierung der gegebenen Daten können zwei verschiedene Zugänge gewählt werden:

- Die gegebene Geschwindigkeit ist eine **vektorwertige Funktion**, folglich ist die Darstellung der Werte als Vektoren (Pfeile) natürlich und angemessen.

- Die gegebene Situation beschreibt eine **Strömung**, also kann auch der Vorgang des Strömens mit seinen Auswirkungen dargestellt werden. Dies geschieht normalerweise durch Teilchenverfolgung (particle tracing) in verschiedenen Variationen.

Darstellung der Geschwindigkeit durch Pfeile

Zur Darstellung der gegebenen Geschwindigkeitswerte können Pfeile wie folgt verwendet werden:

- Richtung des Pfeils: repräsentiert die Richtung der Geschwindigkeit,

- Länge des Pfeils: repräsentiert die Größe (den Betrag) der Geschwindigkeit,

- Farbe des Pfeils: kann eine zusätzliche Information enthalten (z.B. Temperatur).

Bemerkungen:

- Die Trennung von Richtung und Länge des Pfeils geschieht aus folgendem Grund: typischerweise treten bei „interessanten" Strömungen betragsmäßig stark voneinander abweichende Geschwindigkeiten auf. Falls die Pfeillänge proportional zum Betrag gewählt wird, so werden entweder Details unsichtbar, oder andere Pfeile sind viel zu lang.

  Abhilfe schafft hier eine nicht-lineare Skalierung, wie z. B. Länge $= \sqrt{|\text{Geschwindigkeit}|}$ oder Länge $= \text{Konstante} + |\text{Geschwindigkeit}|$.

- Zur Auswahl der Punkte des Gebiets, in denen Pfeile angezeigt werden:
  Da das Geschwindigkeitsfeld aus einer numerischen Berechnung hervorgegangen ist, sind die Knotenpunkte der numerischen Diskretisierung (bzw. eine Auswahl davon) natürliche Kandidaten für die Fußpunkte der Pfeile. Bei nichtkonformen finiten Elementen ist eine Auswertung in den Knoten allerdings nicht sinnvoll, da diese dort unstetig sind. Geeignete Fußpunkte sind in diesem Fall die Schwerpunkte der Dreiecke. Mehrere Pfeile pro Dreieck bei linearer Basis sind möglicherweise redundant.
  Abhängig vom numerisch behandelten Problem interessiert man sich eventuell nur für die Geschwindigkeit in einem Teilgebiet, z. B. in der Nähe eines Hindernisses oder in Bereichen in denen sich Wirbel bilden. Die automatische Auswahl dieser Teilgebiete ist ein noch offenes Problem.

- Bei steigender Anzahl der Pfeile wird die Darstellung schnell unübersichtlich, insbesondere dann, wenn die Strömung nicht im wesentlichen 2-dimensionalen Charakter hat (bei der notwendigen Projektion auf die Bildebene überlagern sich dann Pfeile im Vorder- und Hintergrund).

Beispiele:

Abbildung 1. Diskretisierung der Sphäre, erzeugt durch sukzessive Verfeinerung des Ikosaeders.

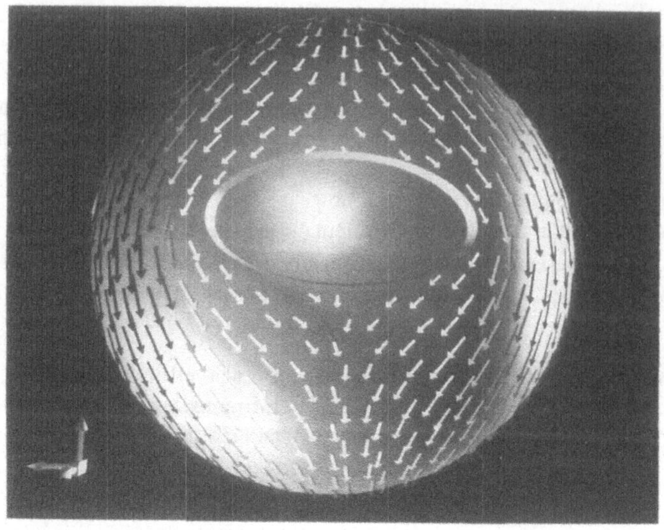

Abbildung 2. Lösung des linearen Problems (Stokes-Problem) auf der Sphäre mit Hindernis. Die Pfeile sind nichtlinear skaliert, die Farbe enthält zusätzlich Information über den Betrag der Geschwindigkeit: dunkle Pfeile entsprechen großer Geschwindigkeit.

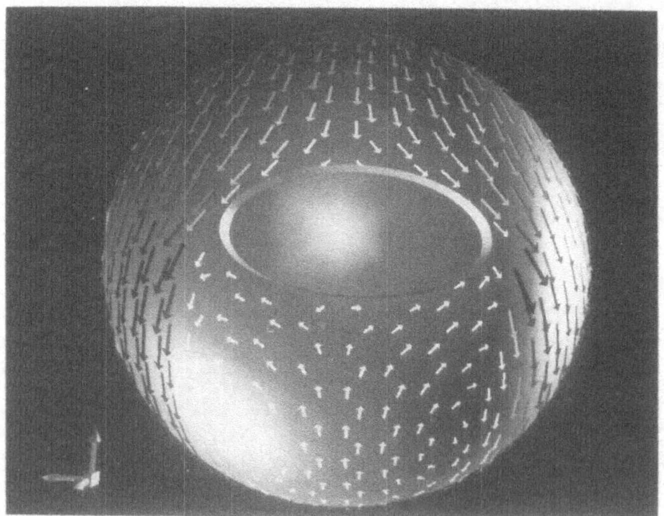

Abbildung 3. Lösung des Navier-Stokes Problems für $Re = 1400$. Darstellung der Geschwindigkeit wie oben.

Abbildung 4. Darstellung derselben Lösung wie in Abbildung 3 (nichtlinear, $Re = 1400$). Die Übersichtlichkeit geht jedoch verloren durch die lineare Skalierung der Pfeile.

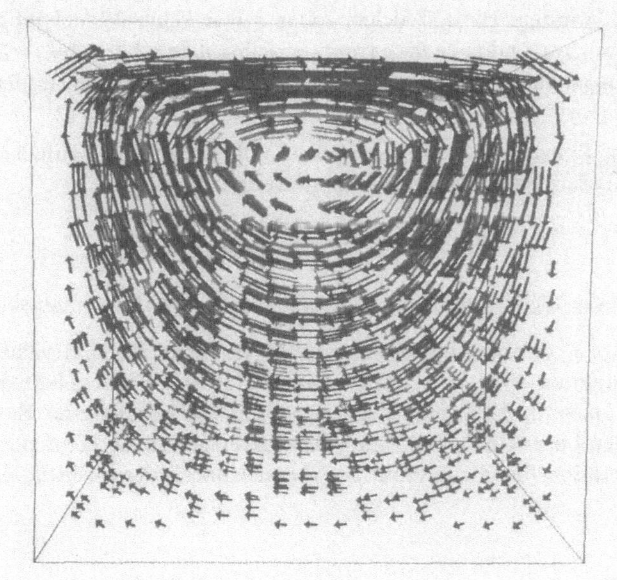

Abbildung 5. Nischenströmung im Würfel.

Die Pfeile sind mit zunehmender Entfernung vom Betrachter heller dargestellt, um die Übersichtlichkeit zu erhöhen. Durch die große Anzahl von Pfeilen ist aber trotzdem nicht klar zu entscheiden, an welcher räumlichen Position ein Pfeil liegt.

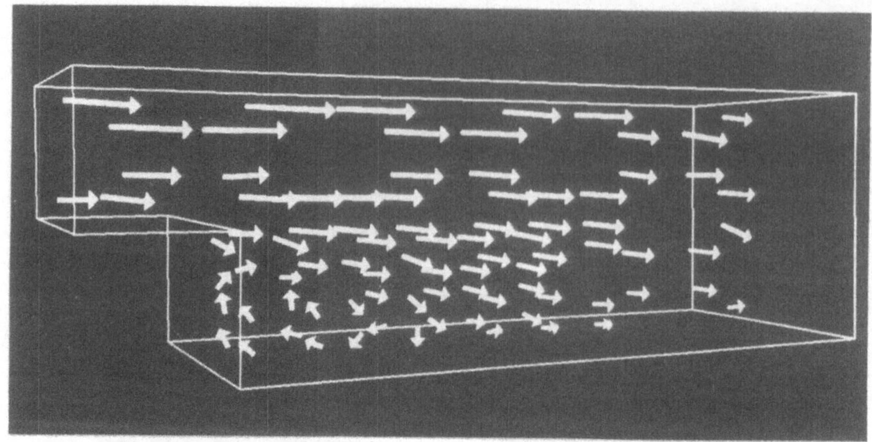

Abbildung 6. Strömung über eine Stufe.
Hier sind nur Pfeile in der mittleren Ebene innerhalb der Stufe dargestellt, damit sich die Pfeile nicht gegenseitig verdecken können. Natürlich kann so nicht das Verhalten der Strömung zum Rand des Gebiets hin verfolgt werden.

Teilchenbahnen

Zur Darstellung einer Strömung kann ihre Auswirkung auf mitfließende Partikel oder Partikelmengen betrachtet werden. Diese Teilchen sollen selbst keine Ausdehnung und Masse haben, da ansonsten ihre Bewegung und auch die Strömung selbst davon beeinflußt würden. Mit Hilfe der entstehenden Bewegungsbahnen kann die Richtung der Geschwindigkeit in den durchströmten Punkten überprüft werden.

Betrachten wir ein Teilchen, das mit der Strömung fließt. Zum Zeitpunkt t_0 befinde es sich an der Stelle x_0. Dann gilt für seine Position $x(t)$ zum Zeitpunkt t:

$$x(t) = x_0 + \int_{t_0}^{t} u(x(\tau))d\tau.$$

Durch Integration der Geschwindigkeit kann also die Partikelbahn einfach berechnet werden.

Bei 2-dimensionalen Problemen besteht alternativ die Möglichkeit, die Partikelbahnen als Höhenlinien der *Stromfunktion* Ψ zu berechnen. Diese skalare Funktion erfüllt die Differentialgleichung $\nabla \times \Psi(x) = u(x)$ (bzw. im Fall der Strömung auf einer 2D-Mannigfaltigkeit: $\nabla_T \times \Psi(x) = u(x)$). Bei der numerischen Lösung mit Hilfe von nichtkonformen finiten 2D-Elementen liefert das Verfahren eine Approximation der Stromfunktion in den Knoten der Diskretisierung ohne zusätzlichen Aufwand.

Bemerkungen:

- Die Bahnkurve zeigt nur die Richtung der Geschwindigkeit, nicht die Größe. Der Betrag kann durch die Länge der Bahn angedeutet werden, indem für alle verfolgten Teilchen nur über eine feste Zeitspanne integriert wird. Dabei ergeben sich durch Betragsunterschiede der Geschwindigkeit ähnliche Probleme, wie sie bei der Pfeillänge angesprochen wurden; folglich sollte bei großen Geschwindigkeitsdifferenzen die Zeitspanne variiert werden, also bei kleiner Geschwindigkeit über eine längere Zeit integriert werden.

- Durch die Farbe der Bahnkurve kann entweder der Betrag der Geschwindigkeit oder auch ein anderer Funktionswert dargestellt werden.

- Bei großer Anzahl von Bahnen leidet die Übersicht, allerdings nicht so sehr wie bei Pfeildarstellung.

- Ein Problem stellt wiederum die Auswahl der dargestellten Bahnen (d. h. der Anfangspunkte und Bahnlängen) dar. Da nicht allzu viele Bahnen dargestellt werden dürfen, um die Übersicht nicht zu stören, müssen wenige Bahnen ausgewählt werden, die aber gerade die Besonderheiten der dargestellten Strömung hervorheben sollen. Auch hier, wie bei den Pfeilen, ist eine automatische Auswahl der Bahnen noch nicht möglich.
Soweit uns bekannt ist, forschen das NASA-Ames Research Center und die Stanford University gemeinsam an der Lösung solcher Probleme mit Hilfe von KI-Methoden.

Beispiele:

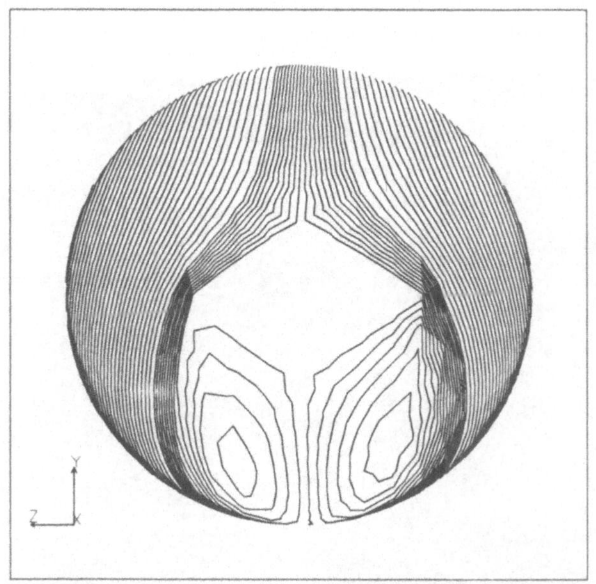

Abbildung 7. Darstellung der Höhenlinien der Stromfunktion für das nichtlineare Problem ($Re = 1400$). Der Strömungsverlauf ist gut zu erkennen, die Richtung dagegen nicht.

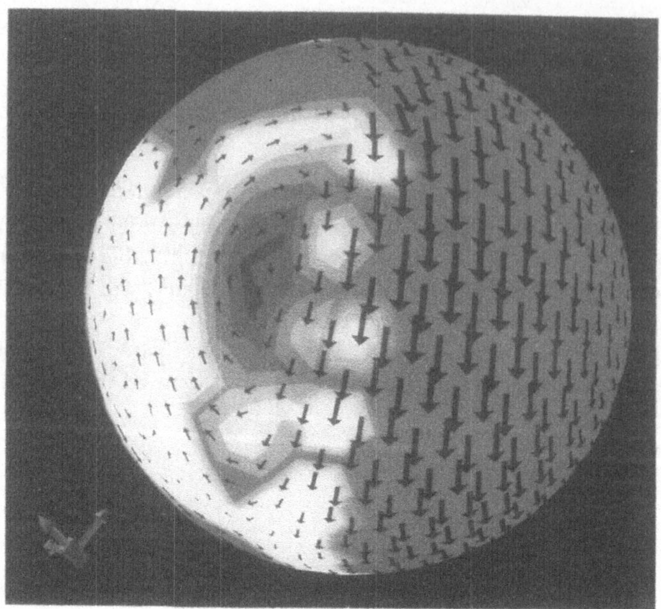

Abbildung 8. Höhenlinien der Stromfunktion mittels Grauwerten bzw. Falschfarben dargestellt, Die Richtung der Strömung wird durch die überlagerten Pfeile deutlich.

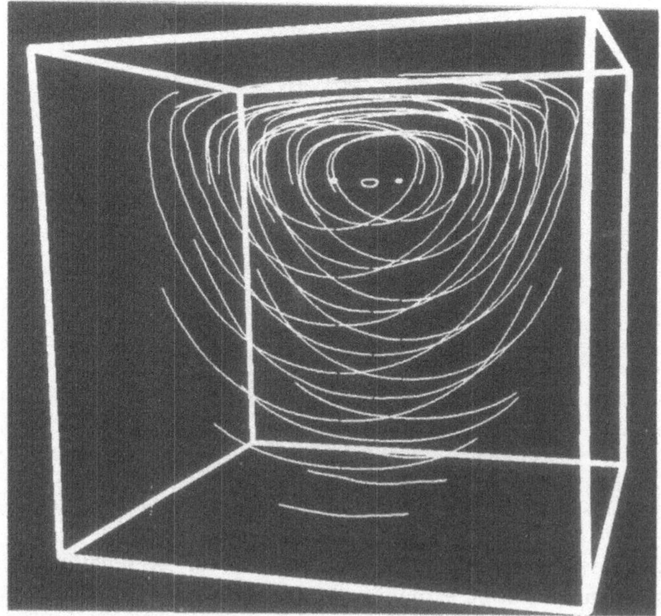

Abbildung 9. Teilchenverfolgung im Würfel.
Ausgehend von 3 × 8 Startpunkten im Würfel wurden Teilchenbahnen verfolgt. Die dargestellten Bahnen entstanden durch zeitliche Vor- und Rückwärts-Integration über jeweils die gleiche Zeitspanne. Der unterschiedliche Betrag der Geschwindigkeit abhängig von der Position des Startpunkts wird deutlich, allerdings ist im oberen Teil die Darstellung etwas unübersichtlich, weil sich relativ viele Linien in der Projektion schneiden, und die schwarz-weiße Darstellung kaum räumliche Informationen enthält.

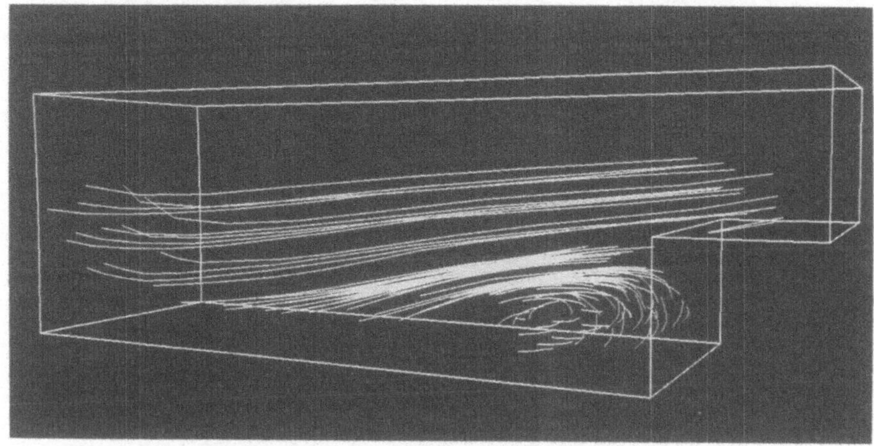

Abbildung 10. Teilchenverfolgung in der Stufe. Alle Bahnen wurden über die gleiche Zeitspanne verfolgt, sodaß die Bahnlängen die Betragsunterschiede im oberen Teil und im Wirbel hinter der Stufe erkennen lassen. Durch die Darstellung der Bahnen als einfache Striche wird die räumliche Verteilung der Partikelbahnen nicht sehr deutlich. Die im linken Teil des Objekts erkennbaren Knicke in den Bahnen entstanden durch eine relativ große Schrittweite bei der numerischen Integration der Geschwindigkeit und eine lineare Interpolation der Bahnpunkte.

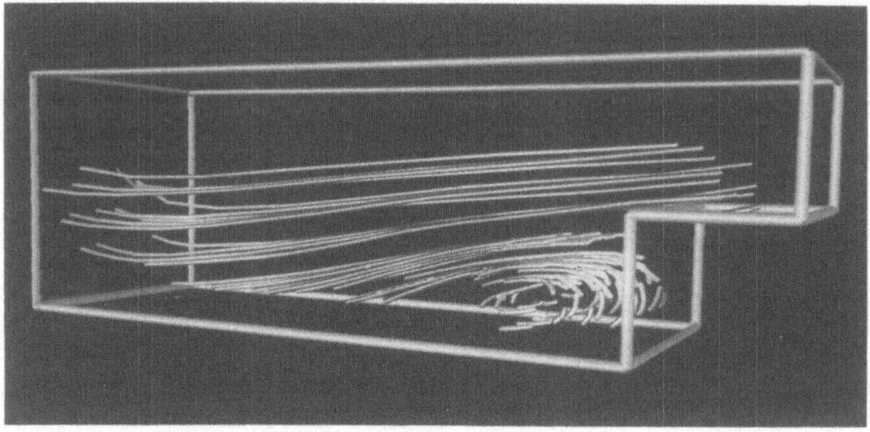

Abbildung 11. Dieselben Bahnen wie im vorigen Bild sind hier als Röhren dargestellt. Weil weiter hinten liegende Röhren durch diejenigen im Bildvordergrund verdeckt werden, wird die räumliche Verteilung der Bahnen deutlicher als im letzten Bild.

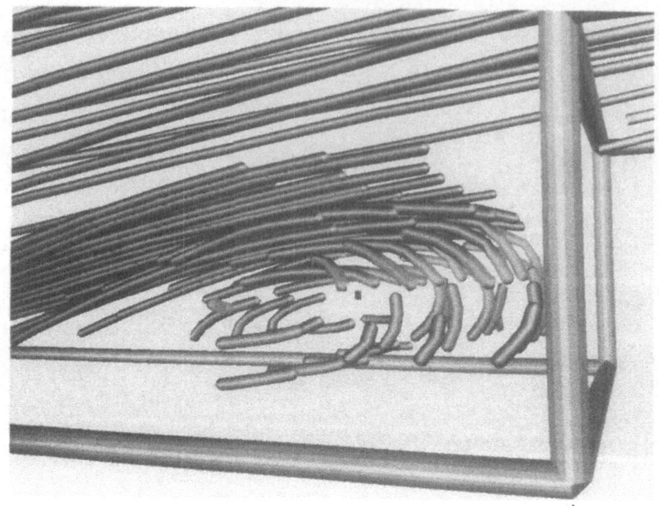

Abbildung 12. Im Ausschnitt sehen wir den Wirbel hinter der Stufe. Es wurden dieselben Röhren wie im vorigen Bild dargestellt. Durch die Schattierung können die einzelnen Bahnen im Vordergrund gut unterschieden werden. Die Röhren haben der Einfachheit halber einen quadratischen Querschnitt; durch *smooth shading* entsteht jedoch der Eindruck von runden Röhren.

Strömende Teilchenmengen

Anstelle der Bahn-Verfolgung einzelner Teilchen können natürlich auch ganze Ansammlungen von zusammenhängenden Partikeln verfolgt werden. Als Teilchenmengen können dabei ein-, zwei- oder dreidimensionale Gebilde betrachtet werden, d. h. Linien, Flächen oder Körper.
Es soll dabei nicht das Verhalten eines massiven Körpers simuliert werden (auch das wäre eine Möglichkeit zur Darstellung der Strömung); Massenträgheit und ähnliche Eigenschaften werden also auch hier ignoriert.
Wir wollen im folgenden näher auf strömende Flächen und strömende Körper eingehen.

Strömende Fläche

Wir betrachten eine Start-Fläche (z. B. ein Ebenenstück), die vollständig im Innern des Gebiets Ω liegt. Für alle Punkte dieser Fläche wird die Bahnkurve betrachtet, und für bestimmte, diskrete Zeitpunkte wird die weitergeströmte Fläche dargestellt.
Praktisch geht man so vor, daß die Fläche mit Hilfe eines Gitters in kleine Teil-Stücke aufgeteilt wird (z. B. kleine Vierecke oder Dreiecke), und nur für die Eckpunkte des Gitters wird die Bahnkurve berechnet. Die vollständigen Flächen werden einfach durch Verbinden der Eckpunkte hergestellt; die Zusammenhangs-Information ist noch aus der Aufteilung der Startfläche vorhanden und kann meist unverändert weiterbenutzt werden.

Bemerkungen:

- Richtung und Betrag der Geschwindigkeit werden sichtbar durch Lage der Flächen im Raum, Verformungen und den Abstand aufeinanderfolgender Flächen.

- Die Färbung der Fläche kann wieder benutzt werden zur Darstellung einer skalaren Funktion. Bei Versuchen stellt sich jedoch heraus, daß aufeinanderfolgende Flächen oft nur wenig voneinander abweichende Farben erhalten, so daß sie sehr schlecht zu unterscheiden sind. Besser ist also eine deutlich unterschiedliche Farbgebung aufeinanderfolgender Flächen.

- Ein Problem stellt wieder die Auswahl der Start-Fläche und der dargestellten Einzelflächen dar. Die Start-Fläche sollte so gewählt sein, daß durch die Bewegung der Fläche die interessanten Teile der Strömung dargestellt werden können. Die zusammen dargestellten Einzelflächen sollen zum einen den Zusammenhang zwischen den verschiedenen Flächen erkennbar lassen, andererseits dürfen sie auch nicht zu nah beieinander liegen, da sie sich sonst gegenseitig verdecken und so Details unsichtbar werden.
Wie schon oben gesagt, können alle diese Aufgaben bisher noch nicht automatisch gelöst werden.

- Ein zusätzliches Problem ist die Änderung der Flächengeometrie während der Bewegung. Oben wurde gesagt, daß der Zusammenhang der weitergeströmten Punkte sich aus der Aufteilung der Startfläche ergibt. Nun können während der Bewegung einzelne Gitterpunkte (oder auch Teile der sie verbindenden Strecken) das Gebiet Ω verlassen.
Der erste Fall (Gitterpunkte fallen weg) läßt sich einfach dadurch behandeln, daß die Gesamtfläche verkleinert wird; alle Teilflächen, deren Eckpunkte nicht alle im Innern des Gebiets liegen, werden nicht weiter gezeichnet.
Der Fall, daß nur die verbindenden Strecken des Gitters teilweise außerhalb des Gebiets liegen, läßt sich z. B. unter vergrößertem Aufwand dadurch erkennen, daß entweder ein oder mehrere Zwischenpunkte auf den Strecken auf Enthaltensein im Gebiet getestet werden, oder die vollständigen Zwischenstrecken werden auf Schnitt mit der Rand-Geometrie des Gebiets getestet. In diesen Fällen werden dann diejenigen Flächenstücke, deren Kanten nicht alle vollständig im Innern des Gebiets liegen, nicht gezeichnet.
Eine optimale Anzahl von verfolgten Punkten erreicht man nur durch lokale adaptive Verfeinerung des zugrundeliegenden Gitters, wobei die Verfeinerung einerseits von der Krümmung der weitergeströmten Fläche und andererseits von den angesprochenen Randproblemen abhängig sein sollte.

Beispiele:

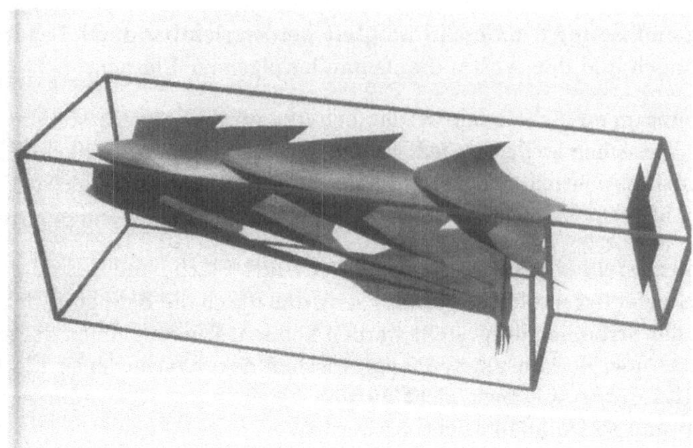

Abbildung 13. Strömende Flächen in der Stufe.
Ausgehend von zwei senkrecht stehenden Rechtecken (eins oberhalb der Stufe, ein zweites im Bereich des Wirbels) wurden vier bzw. drei weitergeströmte Flächen dargestellt. Durch die Beleuchtung können die Flächen im oberen Teil sehr gut unterschieden werden; die Flächen im Wirbel sind dagegen aus dieser Perspektive kaum zu differenzieren.

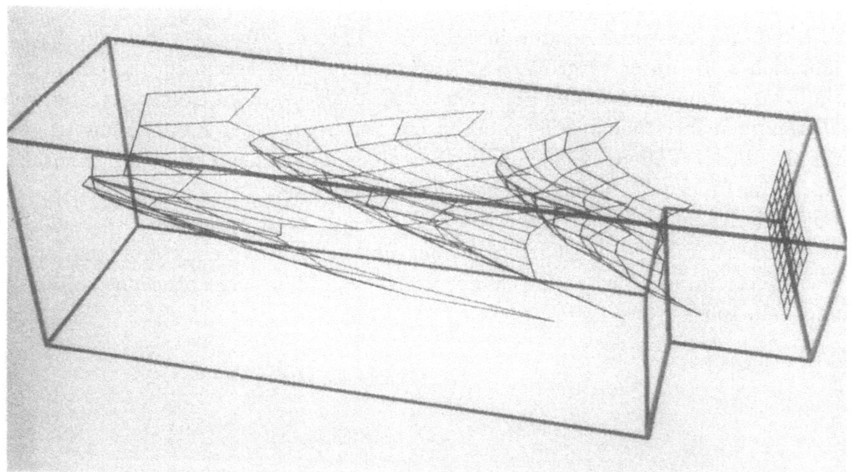

Abbildung 14. Das erzeugende Gitter für die verfolgten Flächen im oberen Teil der Stufe ist hier zu sehen. Aus Gründen der Übersichtlichkeit ist eine Fläche weniger als im vorigen Bild dargestellt. Bei der am weitesten geströmten Fläche erkennt man, daß einige Gitterpunkte bereits das betrachtete Gebiet verlassen haben und deshalb einige Teil-Flächenstücke nicht mehr dargestellt wurden.

Abbildung 15. Hier ein Ausschnitt des vorletzten Bilds aus einer anderen Perspektive. Nun sind die einzelnen Flächen im Wirbel relativ gut zu erkennen. Wenn aufeinanderfolgende Flächen zusätzlich verschieden eingefärbt werden, so sind sie noch einfacher zu unterscheiden.

Strömendes Volumen (Körper)

Ausgehend von einem Start-Körper (z. B. einem Würfel oder einem allgemeineren Quader) werden die Bahnen aller Punkte des Volumens verfolgt, und zu bestimmten Zeitpunkten wird der weitergeströmte Körper dargestellt.

Bemerkungen:

- Es genügt, die Punkte auf der Oberfläche des Körpers zu verfolgen. Damit ist die Berechnung auf den letzten Fall zurückgeführt. Falls Teile des Körpers das Gebiet verlassen, wird der oben erwähnte Algorithmus keine geschlossene Oberfläche mehr liefern. Falls dies zu keinen akzeptablen Ergebnissen führt, müssen auch Punkte im Innern des Objekts betrachtet werden.

- Der verfolgte Körper darf nicht zu groß gewählt sein, sonst sind Details der Strömung nicht sichtbar.

- Für die Auswahl des Startkörpers und der dargestellten Einzelkörper gilt entsprechend das bei den Flächen gesagte. Bei der Farbgebung sollte auch hier die bessere Unterscheidbarkeit der verschiedenen Einzelkörper den Ausschlag geben.

Beispiel:

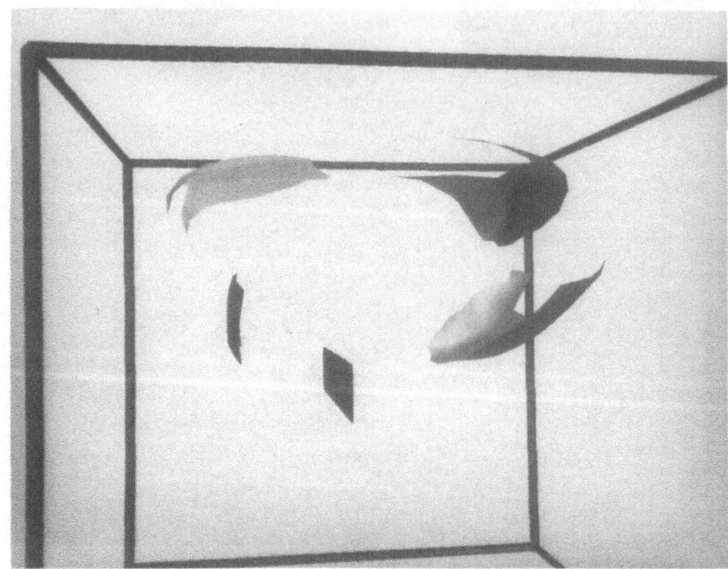

Abbildung 16. Wir sehen hier noch ein Beispiel zu strömenden Flächen. Ausgehend von einem Rechteck wurden vier weitergeströmte Flächen im Würfel dargestellt. Man erkennt deutlich, daß der Betrag der Geschwindigkeit zum Rand des Würfels hin abnimmt (im Innern strömen die Partikel schneller).

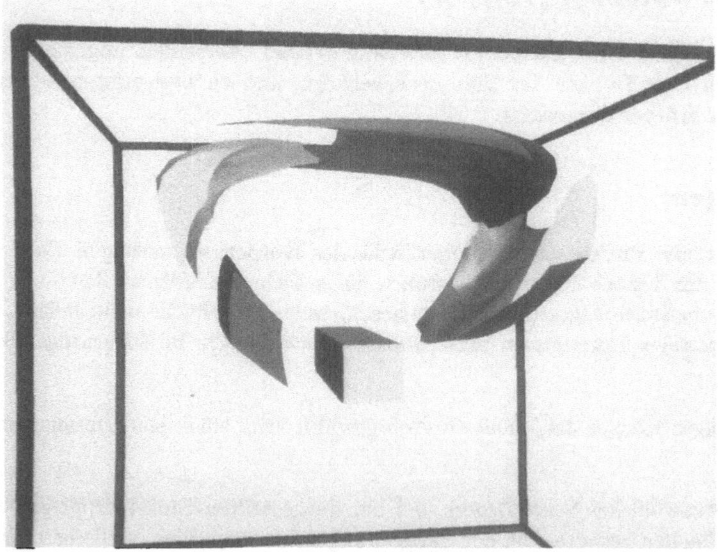

Abbildung 17. Die Bewegung eines Quaders in der Würfelströmung wurde hier verfolgt. Im Vergleich mit dem letzten Bild sieht man, daß dort einfach eine der Seitenflächen des Quaders verfolgt und dargestellt wurde. Die dargestellten Einzelkörper wurden so ausgewählt, daß sie sich möglichst wenig überschneiden, aber trotzdem der Eindruck einer geschlossenen Strömung entsteht. Den Einzelkörpern wurden verschieden helle Eigenfarben zugeordnet, um sie leichter unterscheiden zu können.

Bewegte Darstellungen (Filme/Echtzeit)

Abschließend sollen noch einige Bemerkungen zur bewegten Darstellung von Strömungen gemacht werden. Die zur Zeit auf dem Markt erhältlichen Graphikterminals und Workstations sind nur zur Echtzeit-Bewegung von Linienmodellen oder einfachen schattierten Modellen fähig. Eine schnelle Bewegung von komplexen (zusätzlich evtl. veränderlichen) schattierten Modellen ist noch nicht möglich. Die bewegte Darstellung von komplexen Strömungen ist somit nur mit Hilfe von (Video-) Filmaufzeichnungen möglich.

Der einfachste Fall der bewegten Darstellung ist eine einfache räumliche Transformation des dargestellten 3D-Objekts. Durch Veränderung von Objektposition und virtuellem Kamerastandpunkt werden räumliche Zusammenhänge sehr viel deutlicher als bei der Darstellung aus einem einzigen Blickwinkel.

Durch zusätzliche Bewegung im dargestellten Objekt kann entweder eine gewählte Darstellungsart verbessert werden, oder es können zusätzliche Eigenschaften wie z. B. zeitlich variable Strömungen oder das Verhalten unter Parameteränderung dargestellt werden.
Die folgenden Beispiele zeigen einige Möglichkeiten, wie die oben angesprochenen Darstellungsarten durch zusätzliche Bewegung verbessert bzw. erweitert werden können:

- Darstellung durch Pfeile:
  Kombination mit Partikelverfolgung: Darstellung von Position und Geschwindigkeit von Teilchen durch einen (strömenden) Pfeil,
  zeitlich variable Richtung und Länge der Pfeile bei instationärer Strömung oder Variation von Parametern,

- Darstellung durch Teilchenbahnen oder Stromlinien:
  Verfolgung von kurzen Teilchenbahnen in der Strömung,
  Veränderung der Bahnen (mit festem oder beweglichem Anfangspunkt) bei instationärer Strömung oder Variation von Parametern,

- Darstellung durch fließende Flächen/Körper:
  Verfolgung der kompletten Bahn des Objekts bei stationärer oder instationärer Strömung.

Bislang ist es uns in Bonn nicht möglich, Filme zu erstellen. Wir hoffen, in nächster Zukunft auch die Möglichkeiten zur Videoaufzeichnung zu erhalten und werden uns dann auch mit bewegten Darstellungen beschäftigen.

Zusammenfassung

Anhand einfacher Beispiele wurden verschiedene Möglichkeiten der Darstellung von 2- oder 3-dimensionalen Strömungen durch statische Bilder aufgezeigt. Durch den direkten Vergleich unterschiedlicher Darstellungen der gleichen Strömung werden die Vor- und Nachteile der verschiedenen Formen deutlich. Gezielte Verwendung von Farben kann zum besseren Verständnis der räumlichen Strukturen beitragen und auch zusätzliche Informationen übermitteln.

Literatur

[1] *Visualization in Scientific Computing*, Computer Graphics 21, 6 (1987)

[2] *Visualization in Scientific Computing: Visualization Domains*, ACM SIGGRAPH Video Review, Issue 28 (1987)

[3] *Visualization: State of the Art*, ACM SIGGRAPH Video Review, Issue 30 (1988)

[4] W.L. Hibbard: *4-D Display of Meteorological Data*, Proceedings of 1986 Workshop on 3D Graphics; ACM, New York, 1987, p. 23 ff.

[5] D. Kerlick: *Scientific Visualization at NASA Ames Research Center*, Workshop on Differential Geometry, Calculus of Variations, and Computer Graphics, MSRI Berkeley (1988)

[6] T.V. Papathomas, J.A. Schiavone, B. Julesz: *Applications of Computer Graphics to the Visualization of Meteorological Data*, Computer Graphics 22, 4 (1988); p. 327 ff.

[7] V. Watson, P. Buning, D. Choi, G. Bancroft, G. Merrit, S. Rogers: *Use of Computer Graphics for Visualization of Flow Fields*, AIAA Aerospace Engineering Conference and Show, Los Angeles (1987)

[8] L. Yaeger, C. Upson, R. Myers: *Combining Physical and Visual Simulation - Creation of the Planet Jupiter for the Film "2010"*, Computer Graphics 20, 4 (1986); p. 85 ff.

Die Abbildungen zu diesem Beitrag wurden als Farbgrafiken auf dem 3D-Grafik-Terminal Raster Technologies Model One/380 des SFB 256 erstellt. Zur Manipulation der Darstellung wurde das ILTIS-Paket benutzt, welches an anderer Stelle in diesem Tagungsband beschrieben ist.

Lokale interaktive Benutzeroberfläche zum RT ONE/380 I L T I S (Interactive Local Transformation and Illumination of Surfaces)

M. Haneke, K. Steinberger
Sonderforschungsbereich 256
Institut für Angewandte Mathematik
Universität Bonn
Wegeler Str. 6
5300 Bonn

Abstract

In diesem Beitrag wird eine interaktive Benutzeroberfläche (ILTIS) zur Manipulation der Darstellung von Flächen im $\mathbf{R}^3$ vorgestellt. Dabei stehen die schnell zu erlernende Handhabung und die einfache Kontrolle von Geometrie- und Beleuchtungsparametern im Vordergrund.

This paper discusses an interactive user interface (ILTIS) for the manipulation of surface representations in $\mathbf{R}^3$. The main objectives of the design are overall simplicity of operation and efficient control of parameters for geometry and illumination.

1. Voraussetzungen

1.1 Die Hardware

Im Februar 1987 wurde mit der Entwicklung des Graphikpakets am Sonderforschungsbereich 256
"Nichtlineare partielle Differentialgleichungen" in Bonn begonnen. Zu diesem Zeitpunkt standen
dort zwei Unix–Systeme und ein Graphikgerät (Modell ONE/380 der Firma Raster Technologies)
zur Verfügung. Das Graphiksystem ist dabei über eine 16–bit parallele Schnittstelle mit einem der
Rechner verbunden. Es besitzt verschiedene in Hard– und Firmware realisierte 3D–Fähigkeiten wie
3D–Transformation, 3D–Clipping, Hidden–Surface–Removal (über einen z–Buffer–Algorithmus)
und insbesondere ein "lighting–model".

1.2 Die Zielgruppe

Am Sonderforschungsbereich 256 arbeiten eine Reihe von Mathematikern, die sich u.a. mit der numerischen Lösung von partiellen Differentialgleichungen beschäftigen. In den meisten Fällen lassen
sich die dabei erzielten Ergebnisse nur durch graphische Darstellung beurteilen. Da die behandelten
Probleme aus unterschiedlichen Gebieten stammen (es werden z.B. Minimalflächen und H–Flächen,
Evolutionsgleichungen sowie Navier–Stokes–Gleichungen bearbeitet), sind auch die Datenstrukturen
der Lösungen verschieden. Daraus resultieren die folgenden Anforderungen an ein Graphikpaket.

2. Anforderungen

Einer der entscheidenden Punkte ist die möglichst einfache Generierung der Graphik aus den numerischen Ergebnissen. Hier muß berücksichtigt werden, daß die Graphik ein Hilfsmittel in der mathematischen Forschung ist. Sie muß als solches ohne großen Arbeitsaufwand in ein Numerik–Programm einzuarbeiten sein, um eine schnelle Visualisierung der Ergebnisse zu ermöglichen.
Die Wahl des Blickpunktes und die Art der Beleuchtung üben einen entscheidenden Einfluß auf die
räumliche Wirkung der dargestellen Objekte aus. Sie bieten die Möglichkeit, kritische Bereiche
(wie z.B. Selbstdurchschneidungen oder Verzweigungen von Flächen, Wirbel) zu erkennen und zu
betonen. Folglich sollte die Manipulation der graphischen Darstellung einfach sein und keine beson-
deren Erfahrungen erfordern. Vor allem sollte sie interaktiv sein, d.h. Änderungen von Parametern
müssen direkt sichtbar sein, um einen besseren Eindruck von der räumlichen Struktur des Objektes
zu erhalten.
Da die behandelten numerischen Probleme zum Teil sehr speicher– und rechenintentsiv sind, muß
einerseits die Graphik unabhängig vom Benutzerprogramm sein, andererseits darf die Belastung der
Rechner durch die Graphik nur gering sein. Oft ist aber ein bewegtes Bild unerläßlich, um kompli-
zierte Geometrien zu verstehen. Daher ist es erforderlich, daß das graphische Ausgabegerät die
Transformationen der Fläche durchführt und das Ergebnis zur Anzeige bringt.

3. Realisation

Die oben erwähnten Anforderungen und die Hardware–Voraussetzungen führten zu der Entscheidung, auf Hardwareunabhängigkeit zu verzichten und die lokalen Fähigkeiten des RT ONE/380 voll auszunutzen. Die unten genauer beschriebene Benutzeroberfläche ILTIS ist trotzdem sicherlich auf jeder modernen 3D–fähigen Graphikeinheit zu realisieren, denn die Programmierung als Download-programm für das Graphikgerät unterlag einigen Einschränkungen. So mußte auf Kontrollstrukturen und das Abspeichern von Variablen außerhalb der Graphikprozessorenregister verzichtet werden. Daher dürfte insbesondere eine Implementation auf Graphik–Workstations problemlos sein.

Um eine schnelle Einarbeitung zu gewährleisten, wurde auf die Voraussetzung von Erfahrung in der Graphikprogrammierung verzichtet und ILTIS als eigenständiges Programm zur Verfügung gestellt. Da dieses Programm konsistent ist mit der Displaylisten–Struktur, bleibt es dem Benutzer natürlich überlassen, auch eigene, spezielle Manipulationen einzubinden.

3.1 <u>Generierung graphischer Objekte</u>

Als Grundlage für die Erzeugung graphischer Objekte wird eine Bibliothek (C und Fortran 77) benutzt, die den Befehlssatz des Modell ONE/380 enthält. Sie wurde freundlicherweise vom Institut für Dynamische Systeme an der Universität Bremen zur Verfügung gestellt.

Da bei den numerischen Berechnungen, die am SFB 256 durchgeführt werden, die auftretenden Flächen grundsätzlich durch Polygone approximiert werden, aber die Datenorganisation der einzelnen Benutzer unterschiedlich ist, wurde die Schnittstelle auf Polygonebene gelegt. Grundlegende Voraussetzung zur Benutzung von ILTIS ist also eine Menge geschlossener ebener Polygone (z.B. Dreiecke oder Vierecke).

Diese Polygone können auf zwei verschiedene Arten dargestellt werden, einerseits als Gittermodell (Netzmodell) und andererseits als gefärbte Fläche. Hierzu dienen die folgenden Funktionen, die jeweils ein geschlossenes Polygon erzeugen:

Für das Gittermodell (GRID)

grid3d (n,pkt) mit n := Anzahl der Eckpunkte des Polygons

pkt := Vektor mit den Koordinaten der Eckpunkte des Polygons

Für das Flächenmodell (PATCH)

patch3d (n,pkt,nrm) n := Anzahl der Eckpunkte des Polygons

pkt := Vektor mit den Koordinaten der Eckpunkte des Polygons

nrm := Vektor mit den Normalenvektoren in den Eckpunkten des Polygons

Beim Flächenmodell werden zusätzlich zu den Eckpunkten die Flächennormalen benötigt, um eine Berechnung und Einfärbung entsprechend dem "Lighting–model" durchzuführen. (Außer den

Normalen lassen sich auch Farben in den Eckpunkten angeben, worauf hier aber nicht eingegangen werden soll.)

Alle Informationen, die zu einer Fläche gehören, werden nun in Segmenten zusammengefaßt. Dabei bezeichnet "Segment" hier einfach eine Gruppe von Graphik–Primitiven, die als Ganzes angesprochen wird. Man schreibt also:

```
GRID:                    PATCH:
  segdef(1)                segdef(2)
    grid3d (n,pkt)           patch3d (n,pkt,nrm)
         .                        .
         .                        .
         .                        .
    grid3d (...)             patch3d (...)
  segend( )                segend( )
```

Hierbei dient "segdef(i)" der Definition und dem Öffnen des Segments i , "segend( )" schließt das zuletzt geöffnete Segment.

Außer den oben erwähnten Funktionen werden weitere vier zur Kommunikation mit dem Ausgabegerät benötigt. Dabei handelt es sich um

devopen( )	Belegen der Schnittstelle zum Graphikgerät
entgra( )	Anmelden der Kommunikation beim Graphikgerät
quit( )	Abmelden der Kommunikation und Freigabe des Graphikgerätes
devclose( )	Freigabe der Schnittstelle zum Graphikgerät

Natürlich kann die Graphikausgabe auch auf Datein zwischengespeichert werden, wenn statt "devopen" und "devclose" "logopen und "logclose" eingesetzt werden.

Ein Beispielprogramm für ein Rechteck in der (x,y)–Ebene, dessen "Normalen" um 45° in der positiven bzw. negativen x–Richtung nach außen gekippt sind (um einen Wölbungseffekt zu erzielen), lautet (Abb. 1):

Typ:	Koordinaten	Vektor aus 3 reals
Variablen:	pkt	Vektor aus 4 Koordinaten
	nrm	Vektor aus 4 Koordinaten
Funktionen:	devopen( )	Schnittstelle reservieren
	devclose( )	Schnittstelle freigeben
	entgra( )	Kommunikation beginnen
	quit( )	Kommunikation beenden
	segdef(i)	Segment i definieren und öffnen
	segend( )	Segment schließen
	grid3d (i,p)	geschlossenen Polygonzug aus i Punkten $p_1,...,p_i$ erzeugen
	patch3d (i,p,x)	geschlossenen Polygonzug aus i Punkten $p_1,...,p_i$ mit Richtungsvektoren $x_1,...,x_i$ an den Eckpunkten erzeugen und die entstehende Fläche mit Hilfe des "lighting–model" füllen.

```
BEGIN
  pkt[1]  := (-1,-1,0)        nrm[1]  := (-1,0,1)
  pkt[2]  := (1,-1,0)         nrm[2]  := (1,0,1)
  pkt[3]  := (1,1,0)          nrm[3]  := (1,0,1)
  pkt[4]  := (1-,1,0)         nrm[4]  := (-1,0,1)


  devopen( )
    entgra( )
      segdef(1)
        grid3d (4,pkt)
      segend( )
      segdef(2)
        patch3d (4,pkt,nrm)
      segend( )
    quit( )
  devclose( )
END
```

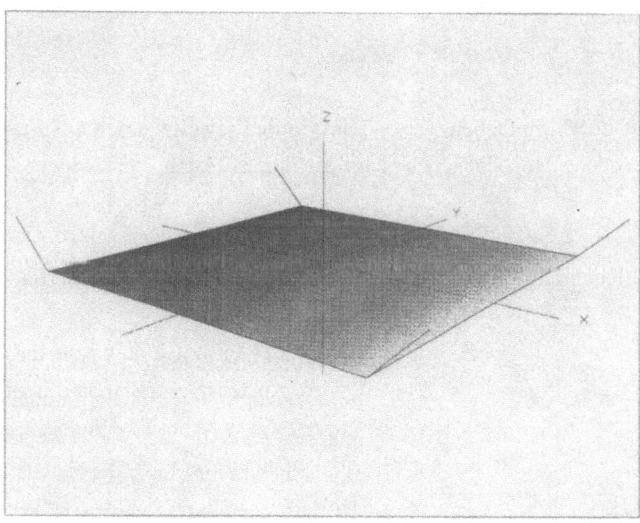

Abb. 1

3.2 Initialisieren von ILTIS, Laden der Daten

Die Benutzeroberfläche ILTIS besteht aus einer binären Datei, die aus Befehlen für das RT ONE/380 zusammengesetzt ist. Sie wird nach dem Einschalten des Graphikgerätes einmal geladen und steht dann für beliebig viele Anwendungen (bis zum Ausschalten des Geräts oder bis zu einem Kaltstart) zur Verfügung.

Nun wird das Anwenderprogramm, das die Graphikdaten erzeugt, ausgeführt. Alle zwischen "devopen( )" und "devclose( )" stehenden Graphikbefehle werden automatisch an das Ausgabegerät weitergereicht. Nach dem "devclose( )" sollten die Segmente 1 (Gittermodell) und 2 (Flächenmodell) definiert sein. Im folgenden kann dann das Graphikgerät unabhängig vom Programm, das die Segmente erzeugt hat und ohne auf den Rechner zuzugreifen, arbeiten. Eine Belastung des Rechners findet also nur zum Zeitpunkt der Datenübertragung und nicht während der Manipulation der Fläche statt.

3.3 Bedienung von ILTIS

Die graphischen Manipulationen erfolgen durch einen 16–Tasten–Cursor, der auf einem Digitalisiertablett bewegt werden kann und direkt an das Graphikgerät angeschlossen ist, d.h. alle Eingaben werden durch Bewegen des Cursors und/oder Betätigen der Tasten gemacht.

ILTIS ist hierarchisch aufgebaut und gliedert sich auf der obersten Ebene in drei Teile:

Manipulation der
- Modellansicht (Translation, Rotation, Skalierung des Modells)
- Beleuchtung   (Richtung, Entfernung, Intensität, Farbe der Lichtquellen)
- Oberfläche   (Reflexionseigenschaft, Intensität, Farbe der Oberfläche) .

Jeder dieser Teile ist durch eine Taste auf dem Cursor erreichbar. Daneben gibt es auf allen Ebenen eine Reihe von Schaltern zur Auswahl, u.a.

- PATCH/GRID–Modell
- Koordinatenkreuz ein/aus
- Original–/Standardmodell
- gouraud–/flat shading

Diese Einstellungen können jederzeit durch einfachen Tastendruck in den jeweils anderen Zustand gebracht werden. Die oberste Menueebene läßt sich auch jederzeit durch Tastendruck wieder anwählen.

Wir wollen nun am Beispiel der Beleuchtung einer Fläche die Bedienung der Benutzeroberfläche

ILTIS vorstellen:

Nach der Initialisierung von ILTIS wird zunächst ein Standardmodell angezeigt (s. Abb. 2). Wenn die zu beleuchtende Fläche geladen wurde, läßt sich, wie oben erwähnt, direkt auf das "Originalmodell", hier eine H–Fläche (Abb. 3) umschalten.

Abb. 2

a) Manipulation der Modellansicht

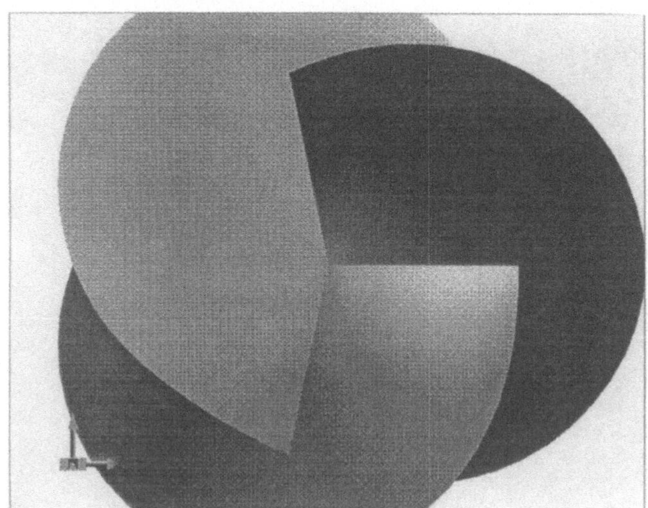

Nach Auswahl der Modellmanipulationstaste wird durch Umbelegung der Tasten des Cursors der Zugang zur einem Untermenue eröffnet. Hier stehen zur Verfügung:

I)   Skalierungen

II)   Translationen

III)   Rotationen

Abb. 3

I) Skalierungen

Im allgemeinen stimmen die Benutzerkoordinaten nicht mit den normalisierten Koordinaten von ILTIS überein. Das Graphikgerät bildet im Ausgangszustand einen Würfel der Kantenlänge 2 um den Ursprung vollständig auf den Bildschirm ab. Folglich wird man zunächst so skalieren, daß das gesamte Objekt gerade den Bildschirm ausfüllt. Dazu schaltet man, damit der Bildaufbau schneller erfolgt, auf das Gittermodell (Abb. 4) um. Wie bei allen anderen Manipulationen auch, wird nun

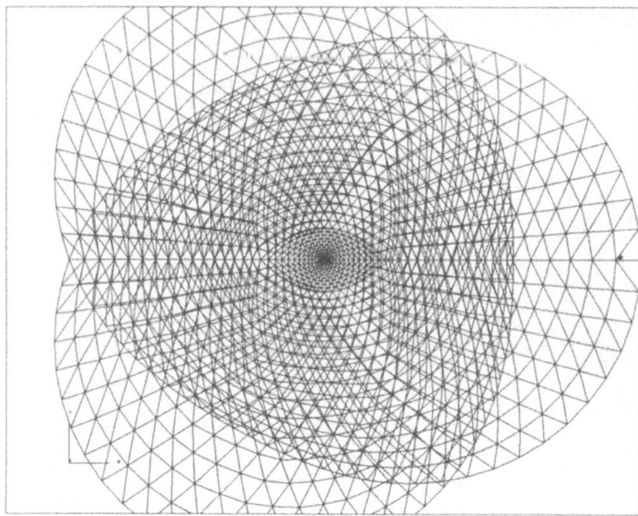

eine Taste des Cursors betätigt und dieser vom Mittelpunkt des Digitalisiertabletts entfernt. Die Entfernung vom Mittelpunkt zur Cursorposition gibt dann die Geschwindigkeit der Skalierung (nicht die Bildgröße!) an. Mit dem Loslassen der Taste endet, unabhängig von der Cursorposition, die Skalierung des Objekts (Abb. 5).

Abb. 4

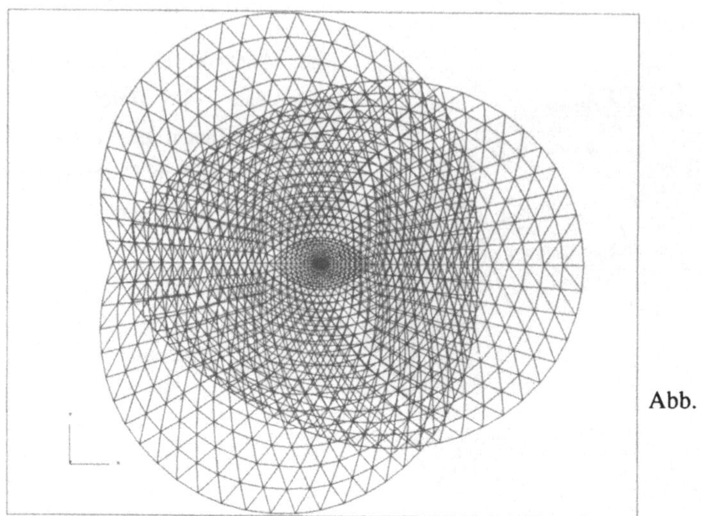

Abb. 5

II) Translationen

Falls die darzustellende Fläche in der Bildschirmebene verschoben werden soll, stimmt die Richtung vom Digitizermittelpunkt zum Cursor mit der Bewegungsrichtung des Objekts überein (rechts/ links auf dem Schirm entsprechen rechts/links auf dem Digitizer). Die Entfernung zwischen Digitizermittelpunkt und Cursorposition gibt wieder die Geschwindigkeit der Bewegung der Fläche an. Die Bewegung wird, wie unter den Skalierungen beschrieben, über eine Taste auf dem Cursor ausgelöst und beendet.

Translationen senkrecht zur Bildschirmebene werden durch eine eigene Taste ausgelöst, wobei die Bewegung der oben erläuterten entspricht, wenn vorn und hinten auf dem Bildschirm mit vorn und hinten bzgl. des Digitizers identifiziert werden.

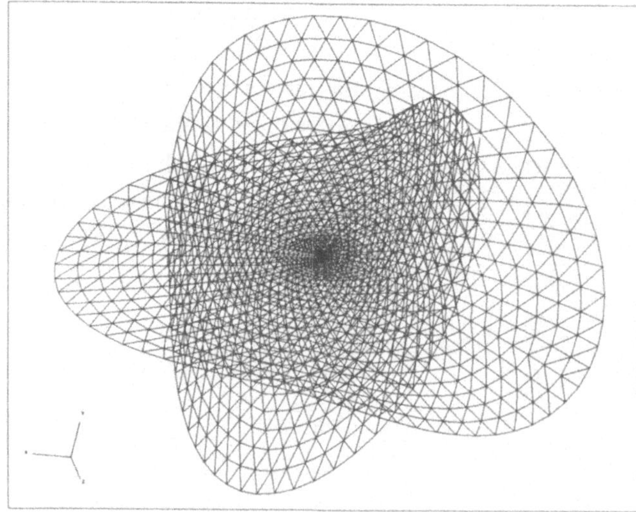

III) Rotationen

Rotationen um Achsen in der Bildschirmebene werden durch ein Incrementmodell realisiert. Dazu stellt man sich den Objektenraum in eine Kugel eingeschlossen vor, deren Mittelpunkt im Mittelpunkt des Darstellungswürfels liegt. Der beobachternächste Punkt liegt dann über dem Bildschirmmittelpunkt.

Abb. 6

Zu jedem Zeitpunkt bewegt man den aktuellen Beobachter–Punkt in die vom Cursor angegebene Richtung. Wie schon unter den Translationen beschrieben, entspricht auch hier die Entfernung des Cursors vom Digitizermittelpunkt der Geschwindigkeit der Bewegung. Allein durch diese Methode lassen sich beliebige Drehungen ausführen (Abb. 6). Der Einfachheit halber ist allerdings noch die Drehung um die zum Bildschirm senkrechte Achse durch den Mittelpunkt des Darstellungswürfels implementiert. Sie wird so wie die Skalierungen durchgeführt, wobei Bewegung des Cursors nach rechts Drehung im Uhrzeigersinn, Bewegung nach links Drehung entgegen dem Uhrzeigersinn bedeutet.

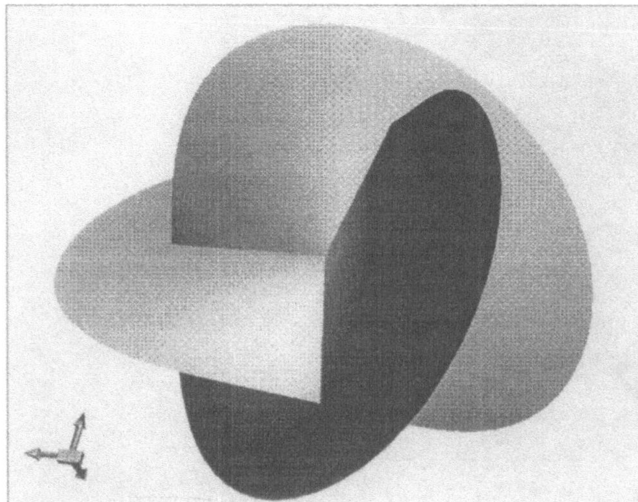

Nach Abschluß der Geometrieeinstellung (Abb. 7) werden die Beleuchtungsparameter verändert.

Abb. 7

b) <u>Manipulation der Beleuchtung</u>

Das Modell ONE/380 stellt acht Lichtquellen aus drei verschiedenen Typen zur Verfügung. Dabei handelt es sich um eine ambiente Lichtquelle, die eine Hintergrundstrahlung bzw. Grundhelligkeit simuliert, um drei parallele Lichtquellen, die eine dem Sonnenlicht äquivalente Richtcharakteristik haben, und um vier Punktlichtquellen, die jeweils wie eine frei aufgehängte Glühbirne gleichmäßig in alle Richtungen abstrahlen.

Die verschiedenen Lichtquellen erfordern das Einstellen unterschiedlicher Parameter.

I) <u>Ambiente Lichtquelle:</u>

Die ambiente Lichtquelle ist allein durch zwei Parameter bestimmt. Es genügt, ihre Helligkeit und ihre Farbe festzulegen (Abb. 8). Die Farbe wird auf der Einheitskugel eingestellt, d.h. die drei Grundfarben rot, grün und blau setzen sich zu einem Einheitsvektor zusammen und sind auf weiß voreingestellt. Der Anteil jeder Grundfarbe läßt sich über einen auf dem Bildschirm dargestellten Balken beeinflussen. Dabei verändern sich automatisch die beiden anderen Anteile so, daß der resultierende Farbvektor die Länge eins behält.

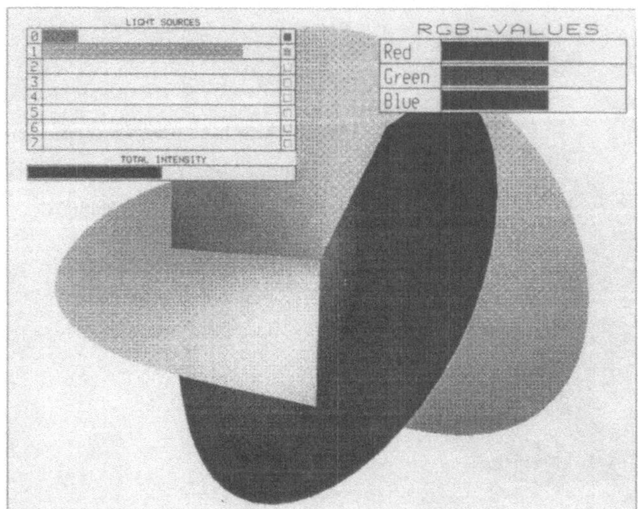

Abb. 8

Auch die Helligkeit wird mittels eines Balkens verändert. Hierbei handelt es sich um eine relative Helligkeit, d.h. den Anteil an der Gesamtintensität. Die Summe der Einzelintensitäten der Lichtquellen wird auf 100% normiert, so daß die Verschiebung des Intensitätsbalkens einer Lichtquelle eine entsprechende Verschiebung der übrigen Balken in die entgegengesetzte Richtung zur Folge hat.

II) <u>Parallele Lichtquelle</u>

Zusätzlich zu den Eigenschaften der ambienten Lichtquelle muß hier noch die Richtung, aus der das Licht einfällt, eingestellt werden. Dazu ist in der Einheitsentfernung vom Ursprung ein Lichtquellensymbol angebracht, das sich mittels der unter "Modellrotationen" beschriebenen Methoden bewegen läßt. Es zeigt die Richtung an, aus der das Licht einfällt.

III) <u>Punktlichtquelle</u>

Alle Einstellungen, die für parallele Lichtquellen vorgenommen werden müssen, sind auch hier erforderlich und werden genauso getätigt. Außerdem ist die Entfernung der Lichtquelle vom Ursprung

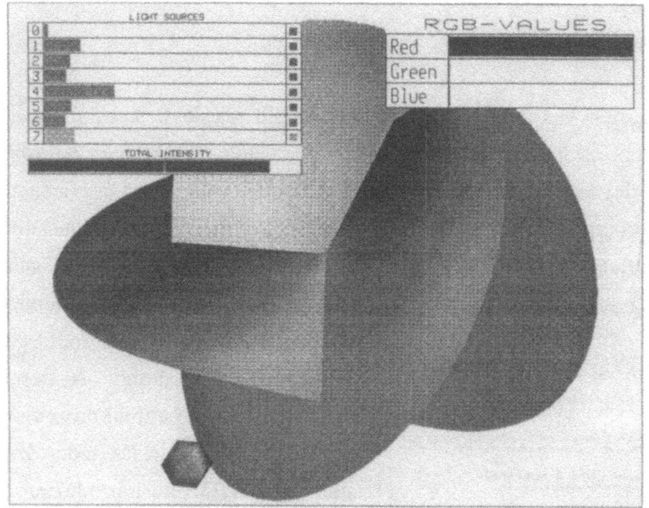

festzulegen. Hierzu bleibt die Lichtquelle in Einheitsentfernung dargestellt, damit sie nicht aus dem angezeigten Bild wandert oder die Position aufgrund der Größenverhältnisse nicht mehr zu erkennen ist. Um dennoch die Entfernung beurteilen zu können, wird das Modell entsprechend skaliert (Abb. 9).

Abb. 9

Schließlich muß außer den Daten für die einzelnen Lichtquellen noch die Gesamtintensität für die Beleuchtung festgelegt werden. Hier kann der Benutzer, ebenfalls mittels Balkendiagramm, die Helligkeit der Szene absolut beeinflussen. Natürlich lassen sich die einzelnen Lichtquellen beliebig ein– und ausschalten, wobei ihr jeweiliger Zustand über ein kleines Quadrat angezeigt wird.

c) <u>Manipulation der Oberflächeneigenschaften</u>

Das "lighting–model" des Graphikgerätes besitzt die Möglichkeit, drei verschiedene Oberflächeneigenschaften zu verarbeiten:

Base   Grundfarbe
           (Eigenleuchten)
Diffuse   diffuse Reflexion
           (matt)
Specular   metallische Reflexion.

Abb. 10

Dabei werden jeweils die Intensität und die Farbe genauso wie bei der ambienten Lichtquelle eingestellt. Auch die Einstellung der Gesamtintensität ist von den Lichtquellen übernommen. Lediglich bei den metallischen Reflexionen muß noch der Grad der Streuung über den "specular

Exponent" angegeben werden (Abb. 10). Diese Einstellung beeinflußt u.a. die Größe von Highlights.

4. Wiederverwendung und Archivierung von Zuständen

Nachdem mit Hilfe der oben aufgeführten Methode eine Fläche dargestellt wurde, besteht die Möglichkeit, die Einstellungen dieser Szene zu sichern, um sie wieder verwenden zu können. Hierbei handelt es sich um Positionierungen der Fläche, Einstellung der Lichtquellen und die Oberflächeneigenschaften. An dieser Stelle ist zum ersten Mal wieder ein Datenaustausch mit dem Rechner notwendig, da es sich beim RT ONE/380 um ein reines Graphiksystem handelt. Zu diesem Zweck wurde ein auf ILTIS abgestimmtes, menuegesteuertes Programm geschrieben, das durch Auslesen bzw. Setzen der Graphikprozessorregister in der Lage ist, jeden Zustand von ILTIS zu reproduzieren. Im Hauptmenue dieses Programms (Abb. 11) lassen sich verschiedene Arten von Statusmanipulationen

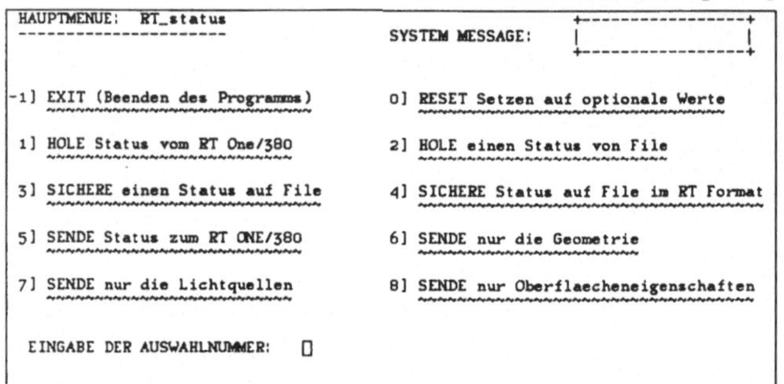

```
HAUPTMENUE:  RT_status                    SYSTEM MESSAGE:   +-----------------+
--------------------                                        |                 |
                                                            +-----------------+

-1] EXIT (Beenden des Programms)         0] RESET Setzen auf optionale Werte

 1] HOLE Status vom RT One/380           2] HOLE einen Status von File

 3] SICHERE einen Status auf File        4] SICHERE Status auf File im RT Format

 5] SENDE Status zum RT ONE/380          6] SENDE nur die Geometrie

 7] SENDE nur die Lichtquellen           8] SENDE nur Oberflaecheneigenschaften


   EINGABE DER AUSWAHLNUMMER:    []
```

auswählen, die in fast allen Fällen auf ein Untermenue zur Auswahl eines Speichereintrags führen (Abb. 12). Alle Kommunikations– und Sicherungsroutinen greifen auf diese Speichertabelle zu. Da die vollständige Beschreibung eines Status von ILTIS 3,6 KB groß ist, entsteht beim Datenaustausch sozusagen keine Belastung des Rechners. Durch die Möglichkeit, Geometrieeinstellung, Lichtquellendaten und Oberflächeneigenschaften getrennt zu übertragen, lassen sich Stan-

```
+-------------------------------------------------+
|  AUSWAHLMENUE   SENDE STATUS ZUM RT ONE/380     |
+-------------------------------------------------+

---> U) UNDO : Dies ist der Status des RT vor dem letzten Senden
        /usr/local/STATUS/DEFAULT.STAT
---> 1) Allgemeiner Status : Keine spezielle Flaeche
        /usr/local/STATUS/LIGHT.STAT
---> 2) /usr/users/DEMOS/harald/kugel.rt auf GOLIATH
        /usr/local/STATUS/WIRBEL.STAT
---> 3) Allgemeiner Status : Keine spezielle Flaeche
        /usr/local/STATUS/BUNT.STAT
---> 4) Alle Flaechen: init.rt Default Werte!
        /usr/local/STATUS/DEFAULT.STAT
---> 5) Alle Flaechen: init.rt Default Werte!
        /usr/local/STATUS/DEFAULT.STAT
---> 6) Alle Flaechen: init.rt Default Werte!
        /usr/local/STATUS/DEFAULT.STAT

---> I) Anzeigen von mehr Informationen eines Kommentars
---> B) Zurueck zum Hauptmenue !

Welche der folgenden Zustaende moechten sie  SENDEN ?       []
```

dardsituationen schaffen, von denen aus dann Feinabstimmungen zwischen Geometrie und Beleuchtung gemacht werden können. Zu diesem Zweck ist mittels einer Initialisierungsdatei auch eine Voreinstellung der im Speicher zur Verfügung gestellten Statusinformation möglich.

5. Andere Hilfsprogramme

Am Sonderforschungsbereich 256 stehen eine Reihe weiterer Hilfsprogramme zur Verfügung. Diese hängen im allgemeinen sehr von den jeweiligen Anwendungen ab. So existieren Programme zur

Konvertierung von Graphikdaten anderer Systeme in die RT ONE/380–Form und umgekehrt. Andere Programme, wie z.B. eines, das periodische Flächen durch Spiegelung an Ebenen bzw. Geraden erzeugt, benutzen unmittelbar die Zusammenarbeit mit ILTIS und die zugrundeliegenden Segmentstruktur. Einige Programme zum Pre– (Abb. 13) und Postprocessing (Abb. 14) der Graphikdaten finden ebenfalls Anwendung.

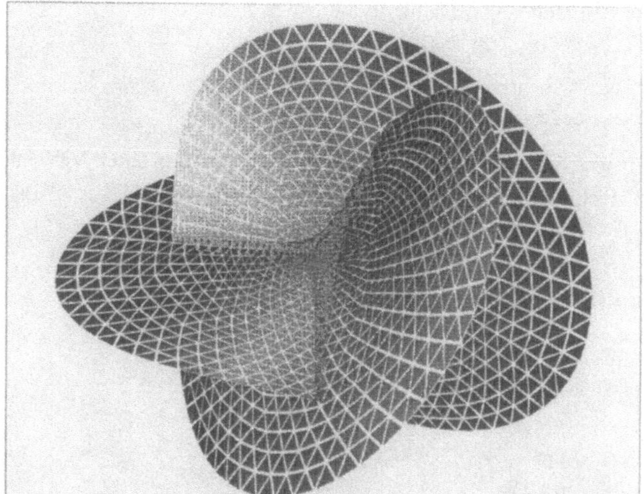

Abb. 13

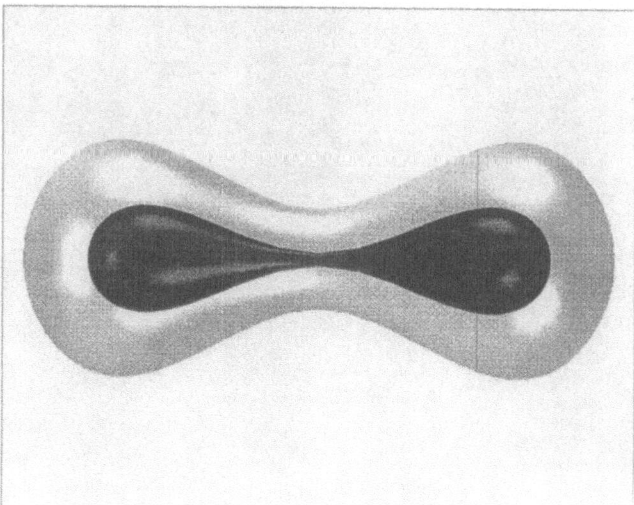

Abb. 14

52

Referenzen

RT–Bibliothek   C–Bibliothek mit Funktionen zum Erzeugen von Kommandos für das RT
ONE/380
Institut für Dynamische Systeme an der Universität Bremen, 1986.

Abb. 3–10, 13   Numerisch berechnete H–Fläche, G. Dziuk, 1988
Abb. 14   Evolutionsfläche,   G. Dziuk, 1988
Abb. 13   wurde mit dem Preprocessor bearbeitet, M. Rumpf, 1988

Alle Abbildungen wurden auf Geräten des SFB 256 und mit dessen Unterstützung unter Verwendung von ILTIS und dem zugehörigen Archivierungsprogramm (s. 4.) erzeugt.

Optimierte Oberflächenabtastung mit orientierten Kubusketten

Hartmut Jürgens
Institut für Dynamische Systeme
Universität Bremen
2800 Bremen 33

Abstract

Wir stellen einen Algorithmus zur Abtastung beliebiger Oberflächen im dreidimensionalen Raum vor. Zu einem vorgegebenen Gitter von Datenpunkten (explizit gegeben aus einem Experiment oder implizit durch eine Funktion definiert), das beispielsweise Qualitäten wie Temperatur-, Druck- oder Dichteverteilung oder ein Potential repräsentiert, versucht der Algorithmus, Kuben zu bestimmen, die eine Fläche konstanter Werte schneiden. Haben wir einen solchen Kubus aus einer zusammenhängenden Menge gefunden, so können wir zeigen, daß der Algorithmus alle Elemente dieser Menge genau einmal generiert und überhaupt nur solche bestimmt. Zur Demonstration wenden wir den Algorithmus auf dreidimensionale fraktale Mengen an.

We present an algorithm for scanning arbitrary 3D surfaces in high resolution. Given an equidistant array of data points (sampled data of an experiment or implicity defined by an appropriate function) representing a certain distribution of temperature, density, potential, etc., the algorithm tries to find cubes which intersect surfaces of constant value of these entities. As soon as we have found one such cube of a connected set, the algorithm will generate all these cubes uniquely. It will never even check a cube which does not intersect the surface. As a demonstration we apply the algorithm to 3D fractals.

Einleitung

Die Abtastung von implizit gegebenen Oberflächen ist ein verbreitetes Problem. Wir finden Anwendungen von der medizinischen Bildverarbeitung bis hin zur Mathematik. Typischerweise repräsentieren die gegebenen Daten Qualitäten wie Dichte, Druck, Temperatur, Feldstärke oder ein Potential. Visualisiert werden soll jeweils eine Fläche konstanter Werte. Für die Darstellung gehen wir nun von einem Punktgitter

$$G_\delta = \{ (x, y, z) \cdot \delta \mid (x, y, z) \in \mathbf{Z}^3 \} \tag{1}$$

aus, auf dem die Daten als Werte $f(v)$ gegeben sind (bei experimentell gegebenen Daten ist eine solche Anordnung typisch). Das Problem ist also, Gitterpunkte zu finden, die $f(v) = \text{const}$ möglichst gut erfüllen, und dann diese Gitterpunkte in eine polygonale Fläche zu kombinieren, die die gesuchte Fläche approximiert. Wir stellen einen Algorithmus vor, der dieses Problem möglichst effizient und direkt angeht.

Als Anwendungsbeispiel werden wir fraktale Mengen betrachten, deren Oberflächen durch die Auswertung einer Potentialfunktion gewonnen werden kann. Die Auswertung einer solchen Funktion ist sehr zeitaufwendig. Ein Algorithmus wie "marching cubes" von Lorensen und Cline [LC] verbietet sich daher wegen zu vieler unnötiger Funktionsauswertungen. Es ist daher eher der Ansatz von A. Norton [N], dem unser Algorithmus folgt. Dazu kommen aber vor allem Ideen aus dem Bereich der simplizialen Kontinuitätsmethoden (vgl. [AG]).

Norton sucht Gitterpunkte, die der gesuchten Oberfläche möglichst nahe sind. Als Kriterium hierfür nimmt er:

(a)   Der Funktionswert des Punktes ist $f(v) \leq \text{const}$.   (2)

(b)   Es gibt einen Nachbarpunkt mit $f(w) > \text{const}$.

Von einem Startpunkt ausgehend, wird durch Abtasten der Umgebung versucht, eine Menge von Gitterpunkten zu bilden, die eine Zusammenhangskomponente der Oberfläche approximiert. Um Zyklenbildungen im Algorithmus zu vermeiden, müssen jeweils neu gefundene Punkte mit allen schon bekannten Gitterpunkten verglichen werden, was recht aufwendig ist. Der im folgenden vorgestellte

Algorithmus kann dieses vermeiden. Die Idee ist hierbei folgende: Offenbar kann die Menge der Punkte L , die durch den Algorithmus gefunden wird, in genau zwei Komponenten zerlegt werden: die Menge der jeweils schon bekannten Punkte L_k und der Rest $L \backslash L_k$. L_k ist in gewissem Sinn zusammenhängend und enthält den Startpunkt. Der Rand von L_k (in L) hat damit eine natürliche Orientierung, d. h. Richtung, in der wir neue Punkte suchen müssen. Ein Algorithmus, der dieses implementiert, kann nicht zykeln und braucht hierfür auch keine expliziten Vergleichs- und Suchroutinen.

Den Arbeiten von E. Allgower, P. Schmidt [AS] liegt eben diese Idee zugrunde. Auf der Basis von Triangulierungen des $\mathbf{R}^n$ wird hier ein erster derartiger Algorithmus dargestellt. Bei der Weiterentwicklung [AGn] dieses simplizialen Algorithmus widmete man sich aber vor allem der Optimierung für die Approximation glatter Oberflächen. Es wäre sicher interessant, die in dieser Arbeit dargestellten Algorithmen (im Zusammenhang mit beliebigen nicht glatten Flächen) auch einmal auf der Basis von Triangulierungen zu betrachten.

Im folgenden wollen wir einen Algorithmus auf der Basis einer Unterteilung durch Kuben vorstellen. Die zentrale Eigenschaft, auch ohne explizite Vergleichs-operationen zyklenfrei zu sein, werden wir kurz beweisen. Wir werden dann auf verschiedene Renderingmöglichkeiten eingehen. Hierbei werden wir auch einige Details der Arbeit von Lorensen und Cline [LC] streifen. Sie erörtern das Thema in sehr interessanter Weise als Anwendung auf medizinische Datensätze. Bei der Darstellung des Rendering ergeben sich aber kleine Ungereimtheiten. Abschließend werden wir als Anwendung Julia-Mengen quadratischer Polynome über Quaternionen zeigen.

Präzisierung des Problems

Wir wollen die implizit durch $f(v) = const$ gegebene Oberfläche (der durch $f(v) < const$ gegebenen Menge) darstellen. Für die Punkte des in (1) definierten Gitters G_δ können wir entscheiden, ob sie jeweils in der Menge liegen oder nicht. Wir wollen dieses über eine Bewertungsfunktion tun ($l(v) = 0$: der Punkt v liegt außerhalb, $l(v) = 1$: er liegt innen, d.h. $f(v) < const$). Zum Gitter G_δ bilden wir die Menge der Kuben

$$C_\delta = \{ \ [x, x + \delta] \times [y, y + \delta] \times [z, z + \delta] \mid (x, y, z) \in G_\delta \ \} \tag{3}$$

Die Menge aller (zugehörigen) Kubusseiten ([x, x + δ] × [y, y + δ] × {z} etc.) wollen wir mit F_δ bezeichnen. Wir suchen nun Kuben, die die Oberfläche schneiden. Als Kriterium können wir natürlich nur die Bewertung der Ecken heranziehen. Haben die Ecken eines Kubus (bzw. einer Kubusseite) veschiedene Bewertungen (außerhalb und innen), so wollen wir diesen Kubus als *s-Kubus* bezeichnen. Eine entsprechende Kubusseite nennen wir *s-Seite*. Man beobachtet nun:

(a)   Ein s-Kubus hat mindestens zwei s-Seiten.

(b)   Eine s-Seite gehört zu genau zwei benachbarten s- Kuben.

Man beachte: benachbarte s-Kuben müssen keine gemeinsame s-Seite haben!
Zwei benachbarte, durch eine s-Seite verbundene Kuben wollen wir *s-zusammenhängend* nennen. Eine Menge von s-Kuben wollen wir *s-zusammenhängend* nennen, wenn sie aus lauter Kuben besteht, die untereinander s-zusammenhängend sind. Der im folgenden dargestellte Algorithmus berechnet s-zusammenhängende Mengen. Dieses ist keine Einschränkung, so zeigt z. B. Abb. 1 zwei s-zusammenhängende Mengen, die die Oberflächen zweier disjunkter Mengen approximieren.

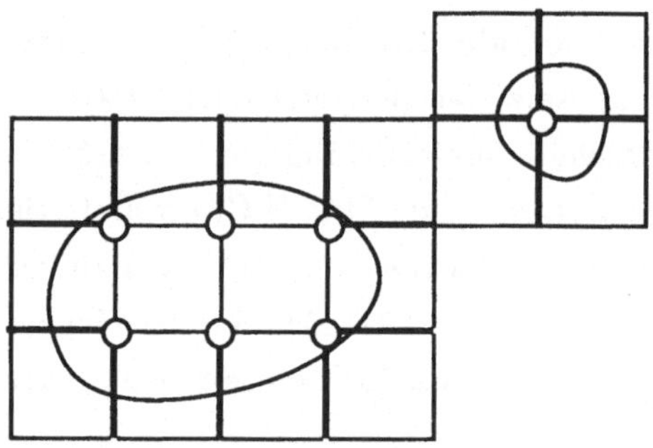

Abb. 1

s-zusammenhängende Kuben

Die beiden Zusammenhangskomponenten sind nur scheinbar wiederum zusammenhängend. Bei kleinerer Gitterweite δ wäre die Situation vollkommen eindeutig: es sind zwei Komponenten.

Der Algorithmus

Der Algorithmus zur Berechnung s-zusammmenhängender Mengen generiert uns eine Folge von schneidenden Kuben c_i . Diese Folge werden wir induktiv definieren. Hierbei benötigen wir insbesondere

$$C_i \subset G_\delta \qquad \text{die Menge der s-Kuben, die jeweils noch zu bearbeiten ist, und}$$

$$F_i : C_i \to \{ T \mid T \subset F_\delta \} \quad \text{die Abbildung auf } C_i \text{ , die den jeweiligenKuben, die Menge der}$$
$$\text{"benutzten Eingänge" zuordnet.}$$

C_i repräsentiert eine Kette von Kuben, die sich nach und nach über die Oberfläche zieht. Durch F_i wird den Kuben eine Orientierung gegeben, d.h. eine Richtung, in die sich die Kette "fortbewegt".

Algorithmus (4)

Wir beginnen mit einem s-Kubus c_0 :

$$C_0 := \{ c_0 \} \, ,$$
$$F_0(c_0) := \emptyset$$

Induktiv definieren wir nun für $i > 0$:

$c_i \in C_i$, ein beliebig aus C_i gewähler Kubus

$S_i \subset F_\delta$, die Menge aller s- Seiten von c_i ,

$C^+_i := \{ k \in C_\delta \mid k$ und c_i haben gemeinsame Seite $f \in S_i \backslash F_i(c_i) \}$, die

Menge der (neuen) an c_i grenzenden s-Kuben,

$f^+_i : C^+_i \to F_\delta$, die Abbildung auf C^+_i , die den einzelnen (neuen) Kuben *die* s-Seite

zuordnet, die sie jeweils mit c_i gemeinsam haben.

Damit können wir setzen

$$C_{i+1} := (C_i \cup C^+_i) \backslash \{ c_i \} \, ,$$

$$F_{i+1}(k) := \begin{cases} \{ f^+_i(k) \}, & \text{falls } k \in C^+_i \text{ und } k \notin C_i \\ \{ f^+_i(k) \} \cup F_i(k), & \text{falls } k \in C^+_i \cap C_i \\ F_i(k), & \text{sonst} \end{cases}$$

Für den Algorithmus (4) kann nun folgende zentrale Aussage getroffen werden:

Ist der Startkubus c_0 Element einer endlichen s-zusammenhängenden Menge S, so generiert der Algorithmus jedes Element dieser Menge genau einmal.

Wir wollen diese Aussage kurz beweisen. Zunächst zeigen wir, daß jeder Kubus nur einmal generiert wird. Die Generierung eines Kubus c beim Schritt m bedeutet, daß $c \notin C_m$, aber $c \in C_{m+1}$. Die Eindeutigkeit bedeutet, daß einerseits $c \notin C_k$, $k \leq m$ und andererseits, wenn der Kubus c im Schritt $n > m$ von (4) ausgewählt wird, daß $c \in C_k$, $m < k \leq n$, aber $c \notin C_k$, $k > n$.

Nehmen wir nun an, daß bis zum Schritt i alle Kuben eindeutig generiert wurden. Gäbe es nun erstmals einen nicht eindeutig generierten Kubus $c \in C_{i+1}$, so gäbe es einerseits

einen benachbarten Kubus d mit gemeinsamer Seite s, für den $d \in C_i$ und $s \notin F_i(d)$ und andererseits

einen Schritt $j < i$, in dem c schon einmal ausgewählt wurde, also $c \in C_j$, jedoch $c \notin C_{j+1}$.

Dann gibt es aber für jeden zu c benachbarten Kubus b nur zwei Möglichkeiten:

1. $b \in C_{j+1}$, und $F_{j+1}(b)$ enthält die gemeinsame Seite von c und b.

Dann aber können wir im Schritt i nicht zu c zurück, oder aber b war schon nicht eindeutig (Widerspruch).

2. $b \notin C_{j+1}$, d.h. b wurde bereits in einem vorherigen Schritt gewählt, auch dann aber wäre ja schon b nicht eindeutig, wenn wir im Schritt i von hieraus nach c gelangen könnten.

Wir müssen also nur noch zeigen, daß jeder Kubus von S generiert wird. Da S s-zusammenhängend ist, gibt es zu jedem $c \in S$ eine Folge $c_0, c_1, c_2 ..., c_n = c$ s-zusammenhängender Kuben. Würde c nicht generiert, so gäbe es offenbar ein $i > 0$, so daß c_i nicht generiert würde, wohl aber c_{i-1}, d. h. $c_{i-1} \in C_n$ für gewisse n. Da aber S endlich ist und der Algorithmus eindeutig, so muß c_{i-1} in irgendeinem Schritt gewählt werden. Damit wäre aber auch c_i generiert (Widerspruch).

Unsere Implementierung des Algorithmus (vgl. Algorithmusbeschreibung "ChainofCubes") verwaltet die Mengen C_i als eine verkettete Liste von Elementen, die erstens einen Kubus c (hier genügt es, eine Ecke zu speichern) und zweitens die Abbildung $F(c)$ (es müssen hier nur 6 Bits eines $F(c)$ darstellenden Wortes gesetzt werden) repräsentieren. In jedem Schritt wird einfach das erste Element ausgewählt (get_from_list). Andere Strategien wären denkbar, haben wir aber noch nicht weiter

Algorithmus ChainofCubes (startcube)

Parameter	startcube	Ecke, die den Startkubus repräsentiert
Funktionen	append-to-List ( )	Fügt Kubus in Liste ein und setzt zugehöiges face-bits-Wort auf gegebenen Wert.
	update-List ( )	Ergänze face-bits-Wort des angegebenen Listenelements um angegebenen Wert.
	get-from-List ( )	Wählt aus der Liste einen Kubus und zugehöriges face-bits-Wort aus, gibt empty/notempty zurück.
	remove-List ( )	Löscht Kubus aus Liste.
	search-List ( )	Sucht Kubus in Liste und gibt Index zurück.
	test-bit ( )	Teste angegebenes bit eines Wortes und gibt set/notset zurück.
	test-face ( )	Testet, ob die angegebene Seite eines Kubus eine s-Seite ist (gibt true/false zurück).
	neighbour ( )	Gibt zum angegebenen Kubus und Seite den benachbarten Kubus.
	get_label ( )	Ermittelt die Bewertung der Ecken des angegebenen Kubus.

```
append-to-List (start-cube, 0)
WHILE (get-from-List (cube, face-bits) EQ notempty) DO
            value = get_label(cube)
            n = 0
            FOR  i = 1 TO 6 DO
                  IF (test-bit (face-bits, i) EQ notset)THEN
                        IF (test-face (value, i) EQ true) THEN
                              n = n + 1
                              newcube [n] = neighbour (cube, i)
                              newface [n] = i
                        ENDIF
                  ENDIF
            ENDDO
            FOR  i = 1 TO n DO
                  index = search-List (newcube [i])
                  IF (index EQ notfound) THEN
                        append-to-List (newcube [i], newface [i])
                  ELSE
                        update-List (index, newface [i])
                  ENDIF
            ENDDO
            output (cube)
            remove-List (cube)
ENDDO
```

---

verfolgt. Die Kubusecken werden dann bewertet (get_label). Das Ergebnis kann in 8 Bits eines Wortes gespeichert werden (value). Für alle neuen Kuben eines Schrittes muß dann überprüft werden, ob sie bereits bekannt sind (search_List). Das Suchen in der Liste wird durch eine Hashtabelle unterstützt. Man beachte noch, daß die Liste quasi eine eindimensionale Menge darstellt. Das gelegentliche Suchen in dieser Menge ist daher natürlich deutlich schneller als das Suchen in der zweidimensionalen Menge bereits gefundener Gitterpunkte, wie es im klassischen Ansatz notwendig war. In der Tat haben wir die o. g. verkettete Liste in ihrer Funktion noch erweitert. Für jeden Kubus wird neben F(c) auch noch abgespeichert, welche Ecken bereits bewertet wurden und was das Ergebnis war. Hierfür werden offenbar nur noch einmal 16 Bits benötigt. Bei der weiteren Bearbeitung eines ausgewählten Kubus müssen so im Durchschnitt nur 2 Ecken neu bewertet werden. In der Algorithmusbeschreibung "ChainofCubes" haben wir diese Erweiterung nicht dargestellt.

Das Rendering

Der Algorithmus generiert eine Folge von Kuben. Wir speichern die Folge der Basisecken als Element aus Z^3 zusammen mit der Bewertung der Kubus-Ecken ab. Da es bei 8 Ecken und einer 0/1 Bewertung genau 256 Fälle gibt, kann dieses sehr effizient erfolgen.

Als Rendering-Optionen haben wir folgende Alternativen implementiert:
1. die Anzeige der Kubenmittelpunkte als Punkt mit Depthcueing
2. die Anzeige der außerhalb liegenden Kubusseiten als Drahtmodell oder mit schattierten Polygonen
3. die Anzeige einer Triangulierung, die in die Kuben eingebettet ist, als Draht modell oder mit schattierten Polygonen.

Wir wollen die dritte Option etwas genauer besprechen. In der Phase des Rendering ist uns nur noch bekannt, ob eine Ecke außerhalb oder innen liegt. Es erscheint daher naheliegend, die gesuchte Oberfläche durch Polygone zu approximieren, die einfach durch die Mitten der Kubuskanten laufen, deren Enden mit 0 und 1 bewertet sind.

In der Arbeit von Lorensen und Cline [LC] wird auch dieses Problem diskutiert. Es wird unter Verwendung von Symmetrien bzw. von Rotationen angegangen. Offenbar gibt es 8 Möglichkeiten, nur eine Ecke mit 1 zu bewerten. Unter Rotationen gehen diese aber alle in sich über. Es gibt eben nur eine Konfiguration. Bei 2 Ecken, die mit 1 bewertet sind, gibt es aber schon 3 verschiedene Konfigurationen, bei 3 Ecken ebenfalls, und bei 4 Ecken sind 6 Konfigurationen möglich. Insgesamt müssen hierfür also 13 Einbettungen einer polygonalen Fläche gefunden werden. In [LC] werden diese Fälle graphisch angegeben (ein Fall kommt aufgrund einer nicht genutzten Symmetrie doppelt vor). Für Konfigurationen mit 5, 6 und 7 Ecken, die mit 1 bewertet sind, wird nun behauptet, daß die Unterteilungen identisch sind mit den jeweils komplementären Bewertungen (die Unterteilung für eine bestimmte Konfiguration von mit 1 bewerteten Ecken und eine Konfiguration bei der die Bewertungen 0 und 1 vertauscht sind, sollen gleich sein). Dieses Argument klingt zunächst sehr vernünftig. Die Methode führt aber zwangsläufig zu Konflikten.

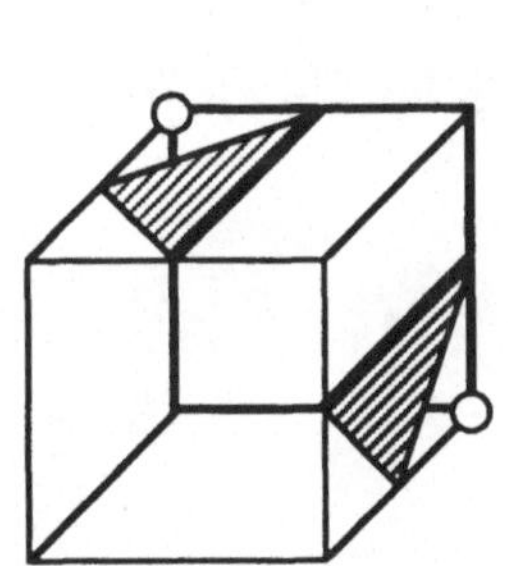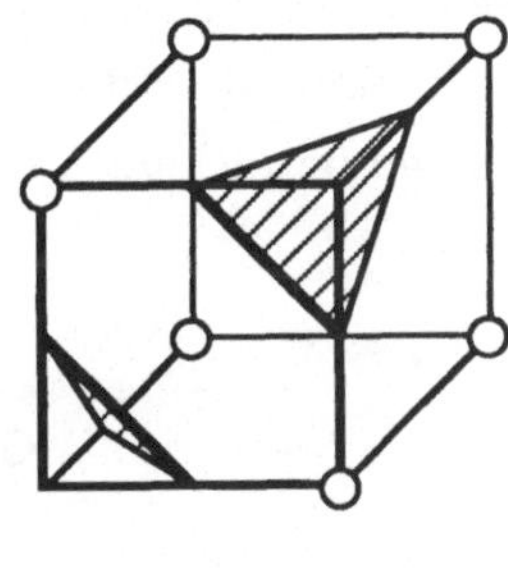

Abb. 2

Verschiedene Unterteilungen einer Kubusseite führen zum Konflikt

Abbildung 2 zeigt ein Beispiel komplementärer Bewertungen: 2 Ecken/bzw. 6 Ecken mit 1 bewertet. Auf den Kubusseiten mit gleicher Bewertung bilden sich so zwei verschiedene Unterteilungen, die nicht zusammenpassen. Zusammengesetzt kann sich so keine ein Volumen einschließende Fläche bilden.

Sollen Körper von durch Polygone zusammengesetzte Flächen eingeschlossen werden, so ist es zweckmäßig, die Polygone zu orientieren und damit sofort festzulegen, auf welcher Seite innen bzw. außen ist. Der im folgenden beschriebene Algorithmus generiert auf den Seiten eines Kubus zu vorgegebener Eckenbewertung orientierte Polygonzüge, die so innen und außen eindeutig trennen. Insbesondere können so auch Flächen entstehen, die auf den Außenseiten eines Kubus liegen. Abb. 3 löst in diesem Sinne den Konflikt von Abb. 2.

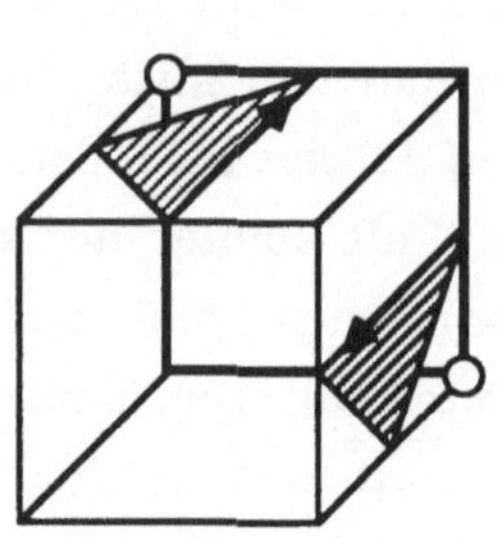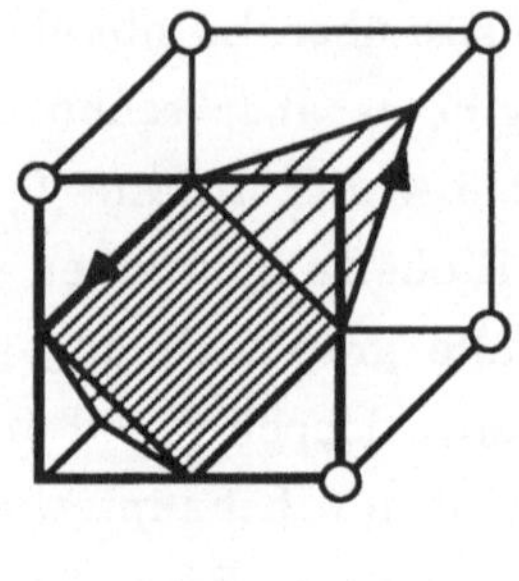

Abb. 3
Orientierte Polygonzüge passen zusammen

Zu einem gegebenen Kubus wollen wir nun mit E die Menge aller Kanten bezeichnen. Sind P und Q Eckpunkte einer Kante, so wollen wir diese mit $\overline{PQ}$ notieren. Im folgenden bezeichnen O_i, P_i, Q_i, R_i, M_i, N_i, V_i, W_i Eckpunkte (vgl. Abb. 4).

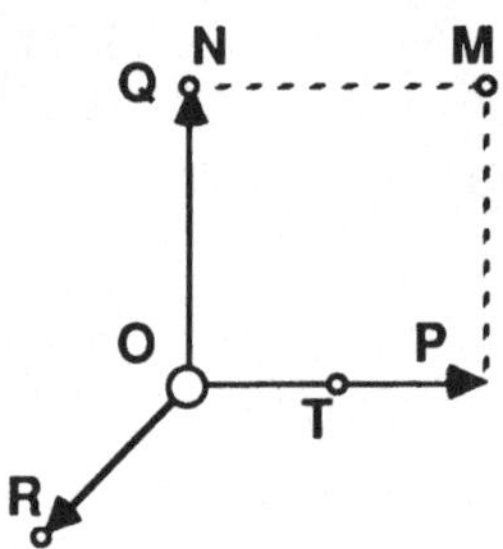

Abb. 4

$S \subset E$ sei die Menge der schneidenden Kanten (also die Kanten, die verschieden bewertete Eckpunkte haben). Mit $S_i \subset S$ sammeln wir die jeweils schon geprüften Kanten. Die Punkte der Polygonzüge werden wir mit T_i bezeichnen. Durch $I_i \in \mathbf{N}$ generieren wir einen Index, der angibt, zu welchem Polygonzug ein Punkt T_i gehört.

Algorithmus (5)

Zu Beginn setzen wir

$\overline{V_0 W_0} \in S$ mit $l(V_0) = 1$, $I_0 = 0$ und $S_0 = \emptyset$.

Induktiv fahren wir nun für $i > 0$ fort:

Ist $\overline{V_{i-1} W_{i-1}} \in S_{i-1}$, so wählen wir

$\quad \overline{O_i P_i} \in S \backslash S_{i-1}$ beliebig mit $l(O_i) = 1$,

$\quad I_i = I_{i-1} + 1$,

anderenfalls setzen wir

$\quad \overline{O_i P_i} = \overline{V_{i-1} W_{i-1}}$,

$\quad I_i = I_{i-1}$.

Weiter sei

$$\quad T_i = (O_i + P_i)/2,$$

$$\quad S_i = S_{i-1} \cup \left\{ \overline{O_i P_i} \right\},$$

$$\quad \overline{O_i Q_i}, \ \overline{O_i R_i} \in E \ \text{mit} \ P_i \neq Q_i \neq R_i \neq P_i,$$

$$\quad N_i = \begin{cases} Q_i, & \text{falls} \ \det(P_i - O_i, \ Q_i - O_i, \ R_i - O_i) > 0 \\ R_i, & \text{sonst} \end{cases},$$

$$\quad M_i = P_i + (N_i - O_i)$$

und schließlich

$$\overline{V_i W_i} = \begin{cases} \overline{O_i N_i} & \text{falls} \ \overline{O_i N_i} \in S \\ \overline{N_i M_i} & \text{falls} \ \overline{O_i N_i} \notin S \ \text{aber} \ \overline{N_i M_i} \in S \ . \\ \overline{M_i P_i} & \text{sonst} \end{cases}$$

Natürlich können wir abbrechen, sobald $S = S_i$ ist.

Die Implementierung des Algorithmus zerlegt die gewonnenen Polygonzüge in Dreiecke. Diese Unterteilung versucht, Symmetrien der Polygone zu erhalten. Die Programmdetails wollen wir hier nicht weiter diskutieren.

Ein Anwendungsbeispiel

Das Studium des Verhaltens der quadratischen Familie $x \to x^2 + c$ über den komplexen Zahlen hat in der Theorie dynamischer Systeme eine zentrale Bedeutung gewonnen. Zu jedem Parameter c existiert eine sogenannte Julia-Menge $J_c \subset \mathbf{C}$. Sie kann als Rand eines Attraktionsgebietes des zugehörigen dynamischen Systems interpretiert werden. Eine Einführung und viel Anschauungsmaterial findet man in [PR]. Für unsere Testbeispiele haben wir nun x und c aus dem Raum der

Quaternionen gewählt (Punkte sind hier durch a + bi + cj + dk gegeben) . Dieses liefert also zunächst vierdimensionale Objekte. Wir haben daher lediglich einen Schnitt betrachtet, der die k-Komponente auf Null setzt (d = 0). Abb. 5 bis 7. mögen einen ersten Eindruck von den Möglichkeiten des Algorithmus geben. Zum Abschluß möchte ich noch unserem Studenten Roland Meier, der an den nötigen C-Programmen arbeitete, für seine Hilfe danken.

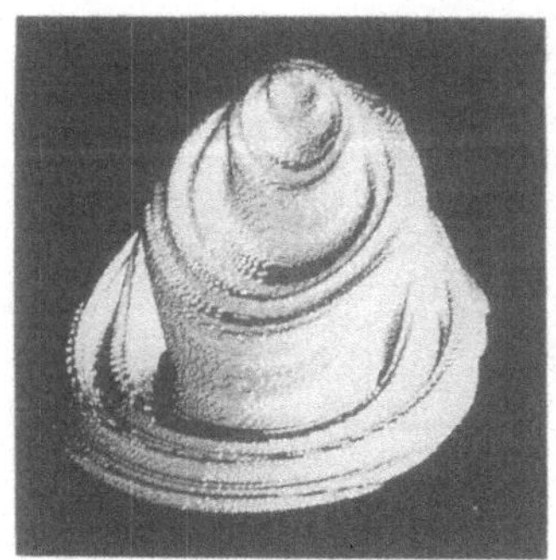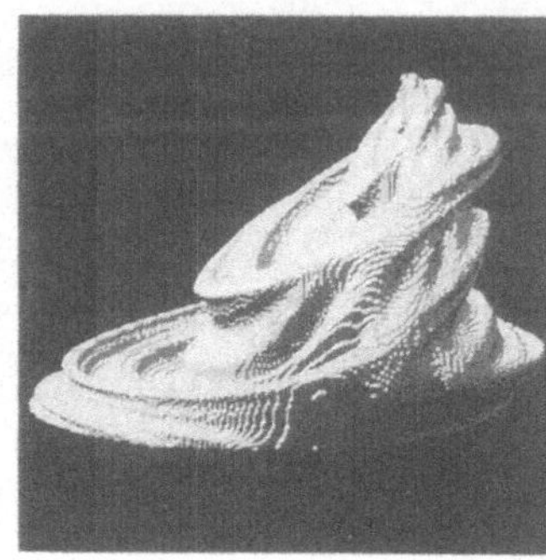

Abb.5
Drei Ansichten einer Julia-Menge (c = -0.12 + 0.77i, level 10) mit $\delta = 0.01$

Abb.6
Julia-Menge (c = -1., level 50) mit $\delta = 0.01$ und $\delta = 0.005$ (ca. 2 Millionen Dreiecke)

Abb.7

Julia Mengen (c = -0.12 + 0.77i, level 20) mit $\delta = 0.005$
(fast 4 Millionen Dreiecke)

Literaturverzeichnis

[AS]   Eugene L. Allgower, Phillip H. Schmidt, An algorithm for piecewise linear approximation of an implicitly defined manifold, SIAM J. Numer. Anal. 22, S. 322 - 346, 1985

[AG]   Eugen L. Allgower, Kurt Georg, Simplicial and continuation methods for approximating fixed points and solutions to systems of equations, SIAM Review 22, S. 29 - 85, 1980

[AGn]   Eugen L. Allgower, Stefan Gnutzmann, An algorithm for piecewise linear approximation of implicitly defined two-dimensional surfaces, SIAM J. Numer. Anal. 24, S. 452 - 469, 1987

[N]   A. Norton, Generation and display of geometric fractals in 3D,
Computer Graphics '82, 16, 3, S. 61 - 66, 1982

[LC]   William E. Lorensen, Harvey E. Cline, Marching cubes: a high-
resolution 3D surface construction algorithm, Computer
Graphics '87, 21, 4, S. 163 - 169, 1987

[PR]   H.-O. Peitgen, P.H. Richter, The Beauty of Fractals, Springer-
Verlag Heidelberg, 1986

Bildsynthese von Objekten mit fraktalen Eigenschaften

Wolfgang Krüger
ART + COM Projekt, HdK Berlin
Hardenbergstr. 27 a
D - 1000 Berlin 12

Abstract

In dieser Arbeit wird das optische Erscheinungsbild von Oberflächen mit fraktalen Eigenschaften in der Bildebene berechnet und visualisiert. Das Modell beruht auf einem einfachen elektromagnetischen Streumodell (Strahlenoptik), das die Berechnung der statistischen Momente und der Autokorrelationsfunktion der gestreuten Lichtintensität erlaubt. Mit diesen statistischen Parametern werden die Intensitätsfluktuationen und die Struktur von ebenen Texturen in Abhängigkeit von der fraktalen Dimension und der Beobachterentfernung simuliert und diskutiert.

This paper discusses the optical appearance of surfaces with fractal properties and their computation as an image. The underlying model is based on electromagnetic scattering and allows the computation of the statistical moments and the autocorrelation function of the scattered light intensities. With these statistical parameters we discuss the simulation of intensity fluctuations and structure of two-dimensional texture patterns depending on fractal dimension and viewing distance.

1 Einführung

Ein wichtiges Problem bei der Bildsynthese natürlicher Szenerien innerhalb der Computer-Graphik ist die Simultation von "nicht-glatten" strukturierten Oberflächen [1], [2]. Eine große Vielfalt von Oberflächenirregularitäten läßt sich durch stochastische fraktale Strukturen charakterisieren [3] - [6], z. B. zeigen viele biologische Oberflächen, Sand, Schnee und Gebirgsformationen typische fraktale Selbstähnlichkeiten über einige Größenordnungen.

Die Generierung fraktaler Formen, z. B. von Gebirgsformationen oder ebenen Texturen, erfolgt i.a. durch den fraktalen Gesetzmäßigkeiten angepaßte Polygonunterteilungen [2], [5] - [7]. Diese Unterteilungen werden fortgesetzt, bis die Projektion der kleinsten Facette auf den Bildschirm nur noch einem Pixeldurchmesser entspricht. Charakteristisch für diese geometrischen Prozeduren ist die Benutzung des "klassischen" Lichreflektionsmodells während des Rendering-Prozesses, um das optische Aussehen der Facetten in Abhängigkeit vom Ein- und Ausfallswinkel des Lichts zu simulieren. Nur der diffuse Reflektionsanteil spiegelt dabei direkt die fraktalen Eigenschaften der Oberflächeninhomogenitäten wider [8].

Der komplementäre Bereich von Oberflächenirregularitäten im Größenbereich etwa zwischen der Wellenlänge des Lichts und einigen Pixeldurchmessern kann demgegenüber durch ein Texturmodell beschrieben werden, das direkt auf der Simulation des optischen Erscheinungsbildes solcher Strukturen mit Hilfe der elektromagnetischen Streutheorie beruht [9]. Es erlaubt die Erzeugung von natürlichen Texturen durch Berechnung der Intensitätsfluktuationen des gestreuten Lichts auf der Grundlage der "Random Phase Screen"-Methode [10] - [12], die das "klassische" Reflektionsmodell für rauhe Oberflächen [13] verallgemeinert. Dieses Modell erlaubt die direkte Abbildung der Oberflächenstruktur auf sein optisches Erscheinungsbild auf dem Bildschirm. Weitere Vorteile bestehen darin, daß vorgegebene (gemessene oder artifiziell konstruierte) Eigenschaften mit einem minimalen Satz von Texturparametern visualisiert und die Entfernungsabhängigkeit der Texturstruktur direkt berücksichtigt werden können.

Für die Beschreibung stochastischer Oberflächenirregularitäten (z. B. Makrofacetten) nimmt man i.a. an, daß sie einem Gauß'schen Prozeß genügen, d. h. vollständig durch die mittlere Höhenschwankung und die Autokorrelationsfunktion erster Ordnung der Höheninhomogenitäten bestimmt werden. Für "glatte" (unendlich oft differenzierbare) Oberflächen (z. B. Wasser) lassen sich die statistischen Momente und die Autokorrelationsfunktion des gestreuten Lichts für einige einfache Modelle explizit analytisch angeben [10].

Mit diesem charakteristischen Parameter lassen sich dann natürliche Texturen für die Computer-Graphik synthetisieren [9], die typische Lichtfokussierungseffekte aufweisen.

Oberflächen mit "fraktalen" Höhenschwankungen $H(x)$ sind durch die fraktale Dimension $d = D+1 (1 < D < 2)$, den Topothesie-Längenparameter L und die Strukturfunktion

$$S(x) = \langle (H(0) - H(x))^2 \rangle = |x|^\nu / L^{\nu-2} \qquad (1)$$

mit $\nu = 2(2 - D)$ charakterisierbar [11], [12]. Hierbei bezeichnen die spitzen Klammern den statistischen Mittelwert. Dieses Oberflächenmodell erzeugt für einfallendes kohärentes Licht nur sehr schwache Intensitätsfluktuationen durch Interferenz- und Beugungseffekte. Es treten keine Fokussierungseffekte auf, da die Höhenfunktion $H(x)$ gemäß (1) zwar stetig, aber nicht differenzierbar ist. Die Strukturfunktion (1) ist selbst-affin, und die Oberfläche enthält Rauheiten aller Größenordnungen.

Ein Modell, das auch die Visualisierung von fraktalen Texturen für natürliches (inkohärentes) Licht erlaubt, ist das sub-fraktale Facettenmodell [12]. Es beschreibt rauhe Oberflächen mit einer Facettenstruktur, die lokale Anstiege jeder Größenordnung enthält. Seine Strukturfunktion für die Höhenschwankungen ist

$$S(x) = m_0^2 x^2 - |x|^{\nu+2} / (\nu + 2) \cdot (\nu + 1) L^\nu , \qquad (2)$$

so daß die Strukturfunktion für den lokalen Anstieg $m(x)$ die fraktale Form

$$D(x) = \langle (m(0) - m(x))^2 \rangle = |x|^\nu / L^\nu \qquad (3)$$

hat. Diese Oberflächen sind einmal stetig differenzierbar und lassen damit die Betrachtung des Grenzfalls der geometrischen Optik (Existenz von Lichtstrahlen) zu. Es existieren starke Lichtintensitätsschwankungen durch Fokussierungseffekte, aber kaustische Effekte wie bei "glatten" Oberflächen treten nicht auf.

Im folgenden Abschnitt werden die statistischen Momente der reflektierten Lichtintensität für den sub-fraktalen Fall (2) mit Hilfe eines einfachen Reflektionsmodells angegeben. Mit diesen Momenten erster und zweiter Ordnung werden dann im Abschnitt 3 ein Textursynthese-Modelle entwickelt und erste Testbilder vorgestellt. Erweiterungen und Verbesserungen für die Erzeugung von Bildern von Objekten mit fraktalen Eigenschaften werden im letzten Abschnitt diskutiert.

2 Elektromagnetische Streutheorie für Oberflächen mit sub-fraktalen Eigenschaften

Die Intensitätsfluktuation des reflektierten Lichts für Oberflächen mit fraktalen Höhenschwankungen (1) kann über die statistischen Momente der elektromagnetischen Feldstärke mit Hilfe des Huygens-Fresnel-Integrals ("Random Phase Screen"-Methode) nur für kohärentes Licht berechnet werden [11].

Das sub-fraktale Oberflächenmodell (2) besitzt stetige Ableitungen erster Ordnung, so daß der Übergang zur Strahlenphysik (Wellenlänge $\lambda \to 0$) möglich ist (siehe Abb. 1).

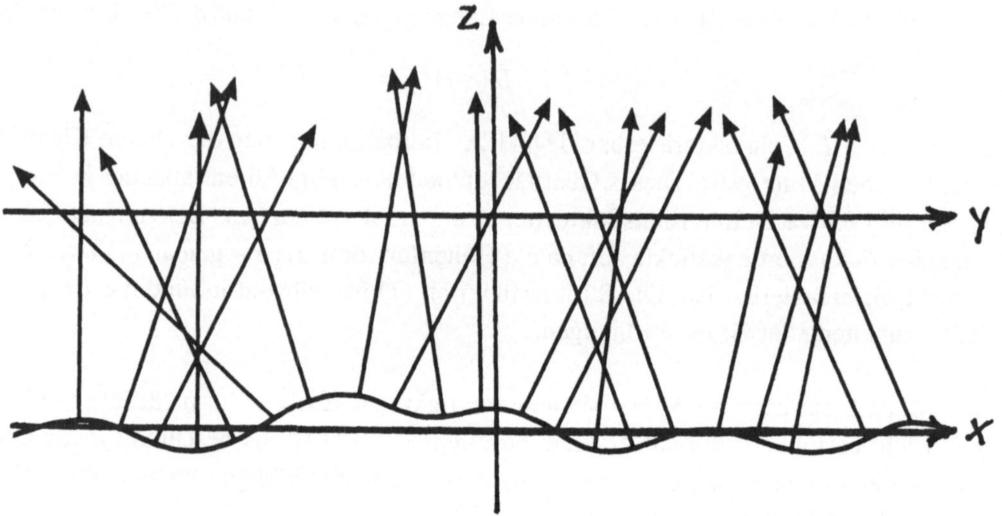

Abb. 1. Dichteschwankungen (Fokussierungen) der reflektierten Lichtstrahlen

Die Dichte der reflektierten Lichtstrahlen im Abstand z kann in der Beobachterebene $y = \text{const.}$ mit der Dirac'schen Deltafunktion durch die Strahlendichte

$$R(x,y) = \frac{1}{z} \cdot \int_{-\infty}^{\infty} \delta(m(x) - (x-y)/z)\,dx \tag{4}$$

beschrieben werden [12]. Interferenz- und Beugungseffekte bleiben in diesem Modell unberücksichtigt. Die Strahlendichte gibt die Anzahl der Facetten an, die zu jedem Beobachtungspunkt beiträgt.

Unter der Annahme der Gauß'schen Verteilung der lokalen Anstiege erhält man für die ersten beiden statistischen Momente der reflektierten Intensität [12]

$$\langle I_r \rangle \simeq \langle R \rangle = F \tag{5}$$

und

$$\sigma_I^2 = \langle R^2 \rangle / \langle R \rangle^2 - 1 = (2 - D)/(D - 1)\,. \tag{6}$$

Hierbei ist $F(n)$ der Fresnel'sche Reflektionskoeffizient, der vom Brechungsindex n und dem Einfallswinkel abhängt. Die Autokorrelationsfunktion erster Ordnung der gestreuten Lichtintensität wird durch

$$C_I(y_1, y_2) = (\langle R(y_1, z) \cdot R(y_2, z) \rangle - \langle R \rangle^2)/\langle R \rangle^2 \cdot \sigma_I^2 \tag{7}$$

definiert, wobei y_1 und y_2 zwei Punkte in der Beobachtungsebene darstellen. Aus der Strukturfunktion (3) für den Anstieg der Facetten folgt die allgemeine Skalierungseigenschaft

$$C_I(y_2, y_1) = C_I(|y_2 - y_1| \cdot L^{(2-D)/(D-1)}/z^{1/(D-1)})\,. \tag{8}$$

Aus Formel (8) ergibt sich eine Korrelationslänge der Form

$$\tau \simeq z^{1/(D-1)} / L^{(2-D)/(D-1)} , \tag{9}$$

die eine typische dimensionale Entfernungsabhängigkeit zeigt. Sie ist wesentlich verschieden von der linearen $z-$Abhängigkeit für "glatte" Oberflächenirregularitäten [10]. Ein stetiger Grenzübergang von Oberflächen mit "fraktalen" zu solchen mit "glatten" Irregularitäten existiert deshalb nicht.

Für den Brown'schen Fall $(D = 1.5)$ läßt sich (7) explizit angeben mit

$$C_I(|y_2 - y_1|) = \exp(-2 \cdot L|y_2 - y_1|/z^2) . \tag{10}$$

Höhere Korrelationsmomente können in diesem Spezialfall ebenfalls explizit analytisch berechnet werden [12].
Die Ergebnisse (4) bis (10) können leicht für 2-dimensional beschriebene Oberflächenirregularitäten und allgemeine, nicht zu flache Einfallswinkel erweitert werden.

3 Synthese des optischen Erscheinungsbildes

Die Simulation der optischen Abbildung von Oberflächen mit fraktalen Eigenschaften, z. B. innerhalb des Rendering-Prozesses in der 3-dimensionalen Computer-Graphik, kann in zwei Schritten erfolgen [9].

1. Schritt: Punktweise Berechnung der Intensitätsfluktuationen des reflektierten Lichts

Die Bildsynthese-Algorithmen in der Computer-Graphik berechnen das optische Erscheinungsbild einer Oberfläche in der Beobachterebene (Bildschirm) für jeden repräsentierenden Bildpunkt gemäß (z. B. [14])

$$I_r = I_{\text{amb}} + I_{\text{diff}} + I_{\text{spec}}. \tag{11}$$

Der Hintergrundanteil I_{amb} und der diffuse Reflektionsanteil I_{diff} werden benutzt, um phänomenologisch die Eigenfarbe und die Wirkung der Mikrorauheit zu simulieren. Der spiegelnde Anteil I_{spec} approximiert die Lichtreflektion von makroskopisch rauhen Oberflächen auf der Grundlage der elektromagnetischen Streutheorie [13], [14]. Mit ihm kann die Abhängigkeit vom Ein- und Ausfallswinkel und des mittleren Anstiegs der Oberflächenfacetten der Einfluß der Glanzlichteffekte gesteuert werden. Zur Simulation des Erscheinungsbildes von Oberflächen mit auch einzelnen makroskopischen Rauheiten wird I_{spec} durch einen Term I_{fluc} ersetzt, der durch eine Wahrscheinlichkeitsverteilungsdichte $P(I_{\text{fluc}})$ beschrieben wird.
Diese Dichte kann prinzipiell aus ihren Momenten konstruiert werden. Für natürliches (inkohärentes) Licht und bei Kenntnis nur der ersten beiden Momente ergibt sich als adäquate Näherung die Gamma-Verteilung [12].

$$P_r = I_{\text{fluc}} = \alpha/\Gamma(\alpha)\langle I_r \rangle \cdot (\alpha \cdot I_{\text{fluc}}/\langle I_r \rangle^{\alpha-1} \cdot \exp(-\alpha \cdot I_{\text{fluc}}/\langle I_r \rangle) \tag{12}$$

mit $\alpha = 1/\sigma_I^2$. Für alle $\alpha \to \infty$ (sehr kleine Intensitätsschwankungen) geht (12) in die Gauß'sche Verteilung über, die als Grenzfall ($\sigma_I^2 \to 0$) den "klassischen" Wert $I_{\text{fluc}} = I_r = I_{\text{spec}}$ umfaßt. Die fluktuierende Intensität I_{fluc} kann in jedem Bildpunkt mi Hilfe von (5) und (6) durch Invertierung von

$$\int_{I_{\text{fluc}}}^{\infty} P(I)\,dI = \Gamma(\alpha, \alpha I_{\text{fluc}}/\langle I_r \rangle)/\Gamma(\alpha) = RN \qquad (13)$$

mit einer gleichverteilten Zufallszahl RN berechnet werden. Die Invertierung der unvollständigen Gamma-Funktion $\Gamma(\alpha, \beta)$ kann über Tabellen erfolgen [15] oder für Grenzfälle approximiert werden mit

$$I_{\text{fluc}} \simeq \begin{cases} \langle I_r \rangle (1 + \sqrt{2 \cdot \pi \cdot \sigma_I^2} \cdot (RN - .5)) & \text{für} \quad \sigma_I^2 \ll 1 \\ \langle I_r \rangle \cdot \sigma_I^2 \cdot RN^{\sigma_I^2} & \text{für} \quad \sigma_I^2 \gg 1 \end{cases} \qquad (14)$$

Nach (6) repräsentiert der Gauß'sche Fall ($\sigma_I^2 \ll 1$) Fluktuationen vom extremen fraktalen Fall ($D \to 2$) , und die nicht-Gauß'schen Fluktuationen ($\sigma_I^2 \gg 1$) sind charakteristisch für den marginalen Fall ($D \to 1$) . Für den Brown'schen Fall ($D = 1.5$) läßt sich (13) explizit invertieren zu

$$I_{\text{fluc}} = -\langle I_r \rangle \cdot ln(RN) \,. \qquad (15)$$

Dieser Fall entspricht den Speckle-Fluktuationen ($\sigma_I^2 = 1$) , d. h. das reflektierte Licht variiert beliebig stark von Pixel zu Pixel.

2. Schritt: Berechnung der spezifischen Struktur der fraktalen Textur

Der räumliche Zusammenhang (Körnigkeit) der Textur wird durch die Autokorrelationseigenschaften bestimmt. Der wahrscheinlichste Intensitätswert $\overline{I}$ in einem Bildschirmpunkt y_1 in Abhängigkeit vom Wert eines nachbarpunktes I_2 ist

$$\begin{aligned} \overline{I}(y_1) &= \int I_2 \cdot P(I_1/I_2)\,dI_2 \\ &= C_I(y_1, y_2) \cdot I(y_2) + (1 - C_I(y_1, y_2)) \cdot \langle I_r \rangle \,, \end{aligned} \qquad (16)$$

wobei $P(I_1/I_2)$ die bedingte Wahrscheinlichkeitsdichte ist.

Die Texturstruktur kann mit (16) durch einen linearen Filterprozeß auf der Menge der gespeicherten Pixelintensitäten generiert werden. Die 2-dimensionale Texturintensität wird für jedes Pixel durch

$$\begin{aligned} I(x_o, y_o) &= \langle I_r \rangle + 1/(2M+1)(2N+1) \\ &\quad \cdot \sum_{j=-M}^{M} \sum_{i=-N}^{N} C_I(|x_i - x_0|, |y_j - y_0|)(I_{\text{fluc}}(x_i, y_j) - \langle I_r \rangle) \end{aligned} \qquad (17)$$

genähert. Hierbei werden die Anzahl der relevanten Nachbarschaftspunkte N bzw. M durch die Korrelationslängen (9) in $x-$ bzw. $y-$Richtung bestimmt. Mit Autokorrelationsmomenten höherer Ordnung, z. B. berechenbar für den Brown'schen Fall [12], könnten auch allgemeinere Näherungsverfahren für die Texturgenerierung angewendet werden [16].

Die Testbilder 1 bis 3 (siehe Farbabbildungen Bild 9) zeigen simulierte optische Erscheinungsbilder von sub-fraktalen Oberflächen mit $D = 1.5$ (Brown'scher Fall) in Abhängigkeit vom Abstand Oberfläche zu Bildschirm. Bild 1 wurde mit einer Korrelationslänge von einem Pixeldurchmesser konstruiert, während Bild 2 und Bild 3 eine 2.5-fache bzw. 5-fache Entfernung annehmen und somit nach (9) mit Korrelationslängen von 6 bzw. 25 Pixeldurchmessern gemäß (17) berechnet wurden. Die Farbgebung wurde "von Hand" mit unterschiedlichen Brechnungskoeffizienten über den Fresnel'schen Reflektionsfaktor erzeugt.

4 Erweiterung und Probleme

In dieser Arbeit werden erste Ergebnisse eines Synthesemodells für natürliche Texturen vorgestellt, die das optische Erscheinungsbild von Oberflächen mit sub-fraktalen Eigenschaften visualisieren. Für diesen Fall liegen folgende Erweiterungen nahe:

- Vergleich der Texturstruktur für beliebige fraktale Dimensionen D , d. h. Konstruktion von analytischen Näherungen für die entsprechenden Autokorrelationsfunktionen (7);

- Detaillierte Simulation der selbstähnlichen Veränderungen der fraktalen Texturstruktur in Abhängigkeit von der Beobachterentfernung und der fraktalen Dimension (Berechnung von längeren Computer-Animationssequenzen);

- Untersuchung des Einflusses höherer Autokorrelationsmomente auf die Texturstruktur (Test der Annahme von Julesz, daß das menschliche Auge diesen Einfluß i.a. nicht unterscheiden kann);

- Berücksichtigung von inneren und äußeren cut-off-Längen für den "fraktalen" Irregularitätsbereich;

- Berechnung der Texturen für beliebige Oberflächenelemente und allgemeine Ein- und Ausfallswinkel des gestreuten Lichts;

- Berechnung der mittleren reflektierten Intensität und des Selbstabschattungsfaktors für das sub-fraktale Facettenmodell.

Für Oberflächen und Volumina mit "fraktalen" Höhen- bzw. Dichteschwankungen existieren bisher nur Ergebnisse aus der elektromagnetischen Streutheorie für kohärentes Licht. Die Simulation des optischen Erscheinungsbildes für diese Fälle, beleuchtet mit natürlichem Licht, verbleibt als wichtige Aufgabe.

Quellen

[1] J. Amantanides, "Realism in Computer Graphics: A Survey", IEEE CG&A, (Jan. 1987), 44 - 56.

[2] J. P. Lewis, "Generalized Stochastic Subdivision", ACM Trans. on Graphics 6, (July 1987), 167 - 190.

[3] E. L. Church, "Fractal Surface Finish", Appl. Optics 27, No. 8 (1988), 1518 - 1526.

[4] B. B. Mandelbrot, "Stochastic Models for the Earth's Relief, the Shape and the Fractal Dimension of the Coastlines, and the Number Area Rule for Islands", Proc. Nat. Acad. Sci. USA 72, (1975), 3825 - 3828.

[5] B. B. Mandelbrot, "Die fraktale Geometrie der Natur", Birkhäuser-Verlag, Basel, 1987.

[6] R. F. Voss, "Random Fractal Forgeries", SIGGRAPH '86, Course Notes 11, Dallas, 1986.

[7] A. Fournier, D. Fussel, L. Carpenter, "Computer Rendering of Stochastic Models", Comm. of the ACM 25, (1982), 371 - 384.

[8] A. P. Pentland, "Fractal-Based Description of Natural Scenes", IEEE Trans. PAMI-6, No. 6 (1984), 661 - 674.

[9] W. Krüger, "Intensity Fluctuations and Natural Texturing", Computer Graphics 22, No. 4 (1988), 213 - 220.

[10] E. Jakeman, P. N. Pusey, "Non-Gaussian Fluctuations in Electromagnetic Radiation Scattered by a Random Phase Screen", J. Phys. A8, No. 3 (1975), 369 - 391.

[11] M. V. Berry, "Diffractals", J. Phys. A12, No. 6 (1979), 781 - 797.

[12] E. Jakeman, "Fresnel Scattering by a Corrugated Random Surface with Fractal Slope", J. Opt. Soc. Am. 72, No. 8 (1982), 1034 - 1041.

[13] P. Beckmann, A. Spizzichino, "The Scattering of Electromagnetic Waves from Rough Surfaces", McMillan, New York, 1963.

[14] R. L. Cook, K. E. Torrance, "A Reflectance Model for Computer Graphics", Computer Graphics 13, No. 3 (1981), 307 - 316.

[15] E. S. Pearson, H. O. Hartley (eds.), "Biometrika Tables for Statisticians", vol. 2, Biometrika Trust, 1976, 307 - 316.

[16] W. K. Pratt, O. D. Faugeras, A. Gagalowicz, "Applications of Stochastic Texture Field Models to Image Processing", Proc. of the IEEE 69, No. 5 (1981), 542 - 551.

Färbealgorithmen zur Darstellung der Erdkugel

Bernd Kugelmann
Mathematisches Institut
Technische Universität München
Arcisstr. 21
8000 München 2

Abstract

Für die graphische Veranschaulichung von Satellitenbahnen benötigt man gelegentlich ein realistisches Bild von der Erdkugel. Dabei soll die Erde mit Hilfe von zwei Farben (für die Land- bzw. Wasserflächen) auf einem rasterorientierten Gerät dargestellt werden. Da die entsprechenden Bilder später zu einem Film zusammengesetzt werden, muß die Lösung der gestellten Aufgabe in minimaler Zeit geschehen. Verschiedene Ansätze und Versuche zur Behandlung dieses Problem bzw. deren Vor- und Nachteile werden im Artikel erläutert.

The visual representation of satellite orbits sometimes requires a realistic image of the earth. The globe has to be rendered using two colors (for the land and water masses). The raster images must be generated in minimal time in order to facilitate an animation. In this work we report several approaches to the problem and discuss their relative advantages and drawbacks.

1. Aufgabenstellung

Auf einem Rasterbildschirm soll eine zweifarbige Darstellung der Erdkugel erzeugt werden, wobei etwa die Landflächen grün und die Wasserflächen blau gefärbt werden sollen. Dazu seien die Grenzlinien zwischen
Land und Wasser (Küstenlinien) in approximierter Form gegeben, d. h.
gegeben sei eine Reihe von geschlossenen Polygonzügen, deren Eckpunkte
alle auf der Erdoberfläche liegen. Jeder solche Polygonzug repräsentiert dann einen Kontinent, eine Insel oder einen Binnensee. Außerdem
sei eine Abbildung T: $\mathbb{R}^3 \to \mathbb{R}^2$ gegeben, welche definiert, wie die dreidimensionale Szene (Erde) in den zweidimensionalen Bildraum übergeführt
werden soll. Wenn zum Beispiel ein realistisches Bild der Erdkugel erzeugt werden soll, wie es etwa eine Kamera aus dem Weltraum aufnehmen
würde, so muß für T im wesentlichen die Zentralprojektion gewählt werden, wobei zusätzlich noch geprüft werden muß, ob der jeweils abgebil-
dete Punkt vom Beobachter bzw. von der Kamera aus sichtbar ist (siehe
Abbildung 1). T kann aber auch ganz anders vorgegeben sein: Falls T etwa
eine Zylinderprojektion ist, so wird im Gegensatz zur Zentralprojektion
die gesamte Oberfläche der Erde in einem Bild dargestellt (siehe Abbildung 2). Nach Ausführung der Abbildung T müssen die reellen Daten noch
diskretisiert werden: D: $\mathbb{R}^2 \to \mathbb{Z}^2$. Diese Rasterung ist durch die Auflösung des Bildschirms und die jeweilige Skalierung vorgegeben.
Die Rechnerkonfiguration zur Lösung dieser Aufgabe bestehe aus einem
sogenannten Hostrechner und einem Graphikrechner mit Bildspeicher, die
über eine schnelle Schnittstelle verbunden sind. Über diese Schnittstelle kann der Hostrechner Zeichenbefehle an den Graphikrechner
schicken, aber auch Informationen über die aktuelle Belegung des Bild-
speichers (Pixelspeicher) empfangen.
Ein wichtiger Zeichenbefehl für den späteren Algorithmus ist der Füllbefehl (engl. area-fill). Dieser Befehl hängt von drei Argumenten ab:
dem Startpixel (bzw. der Nummer des Startpixels), der Farbe A des
Startpixels vor dem "Füllen" und der Farbe B, mit der ausgefüllt wird.
Bei der Ausführung des Füllbefehls werden alle Pixel, welche zu einem
gewissen Gebiet G gehören, mit der Farbe B belegt. Dieses Gebiet G
läßt sich folgendermaßen rekursiv beschreiben:
    a) Das Startpixel liegt in G.
    b) Ein Pixel P liegt in G, wenn P die Farbe A hat (vor dem Füllen)
        und wenn mindestens einer der von-Neumann Nachbarn von P
        zu G gehört.
Dabei heißt ein Pixel N von-Neumann Nachbar des Pixels P, wenn die beiden Pixel eine Kante gemeinsam haben (siehe Abbildung 3). Zur Wirkung
des Füllbefehls beachte man auch die Abbildungen 4 und 5.

Abbildung 1. Zentralprojektion der Erdkugel

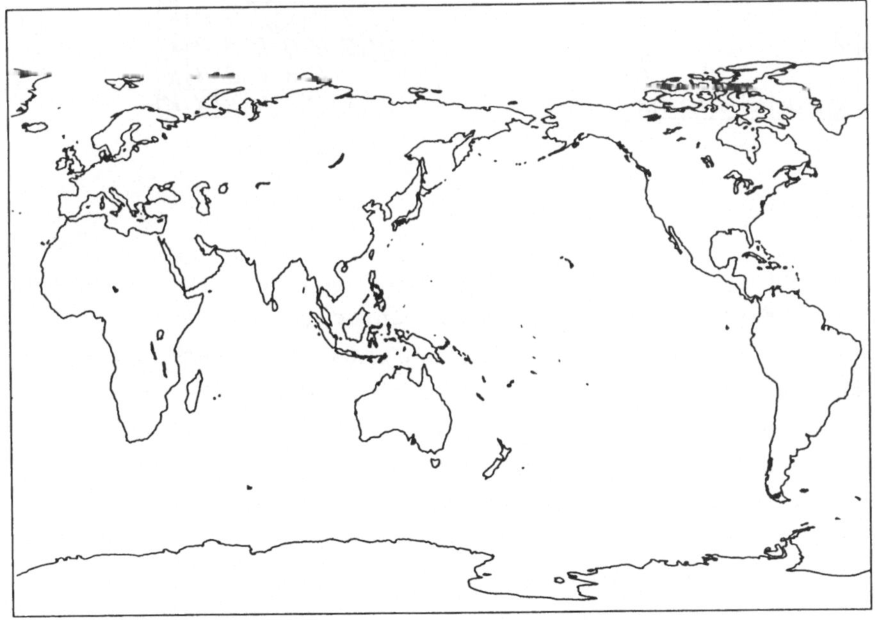

Abbildung 2. Zylinderprojektion der Erdkugel

Abbildung 3. Die Pixel N sind die von-Neumann Nachbarn von P.

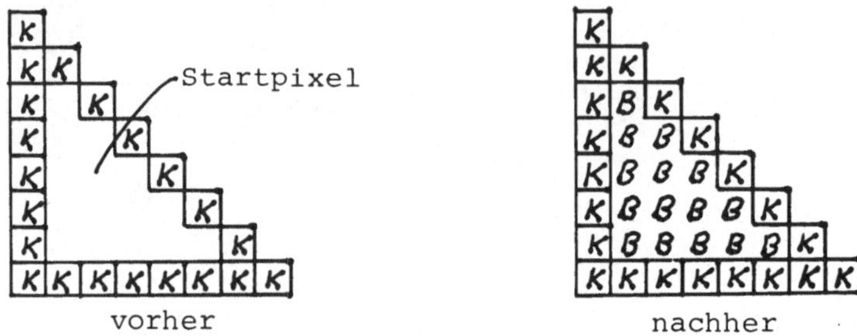

vorher   nachher

Abbildung 4. Füllbefehl mit Farbe B

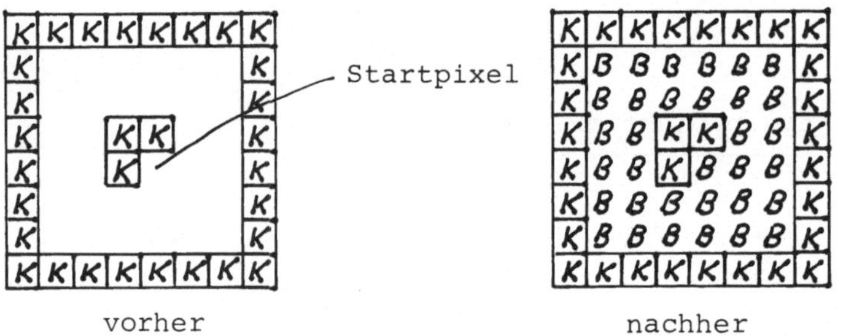

vorher   nachher

Abbildung 5. Füllbefehl mit Farbe B

Von dem zu entwickelnden Algorithmus soll weiter gefordert werden, daß die korrekte Einfärbung der Weltkugel in möglichst kurzer Zeit erfolgen soll. Dies ist vor allem dann dringend notwendig, wenn später viele dieser Bilder zu einem Film zusammengesetzt werden. Dabei sollte zur Einfärbung ungefähr soviel Zeit nötig sein, wie später auch zur Übertragung des fertigen Bildes vom Pixelspeicher auf das entsprechende Filmband erforderlich ist, denn ein noch schnellerer Färbealgorithmus bringt keine wesentliche Senkung des gesamten Zeitaufwandes mehr. Um den Rechenaufwand klein zu halten, wurde auch in der Aufgabenstellung nur eine zweifarbige Darstellung gefordert, weil eine etwaige Schattierung (engl. shading) mit verschiedenen Helligkeitstönen von grün und blau gemäß der

Sonneneinstrahlung auf der Erde die Rechenzeit um ein Vielfaches erhöhen würde.

2. Einfacher Algorithmus

Die Grundidee der hier vorgestellten Verfahren läßt sich folgendermaßen
beschreiben: Zunächst werden die Bilder der Teilstrecken der gegebenen
Polygonzüge unter der Abbildung $D \bullet T$ bestimmt und in den Pixelspeicher
des Graphikgerätes eingetragen (siehe etwa Abbildung 1 bzw. 2 für die
Zentralprojektion bzw. die Zylinderprojektion). Dadurch wird die von
der Erde bedeckte Fläche in verschiedene Gebiete aufgeteilt. Für jedes
dieser Gebiete wird dann ein Pixel im Innern gesucht, von dem aus ein
Füllbefehl mit der jeweils richtigen Farbe gestartet wird. Die Haupt-
schwierigkeit bei der Durchführung dieses Algorithmus besteht in der
Auswahl dieser inneren Punkte, später auch Samenpunkte genannt, bzw. in
der Bestimmung der richtigen Farbe.
Doch auch das naive Eintragen der Küstenlinien kann Probleme verursachen,
speziell in jenen Fällen, in denen aufgrund der Wahl von T nur ein Teil
dieser Linien sichtbar ist (siehe Abbildung 1). Betrachtet wird etwa
eine Teilstrecke eines Polygonzuges, deren Anfangspunkt vom Beobachter
aus sichtbar und deren Endpunkt unsichtbar ist. Dann muß ein Teil dieser Strecke vor dem Eintragen in den Pixelspeicher abgeschnitten werden
(engl. clipping). Dieses Abschneiden könnte entweder mit Hilfe des
Graphikrechners durchgeführt werden, indem eine entsprechende "clipping"-
Ebene definiert wird oder es kann vom Benutzer selbst am Hostrechner
programmiert werden. Obwohl die erste Lösung um einen Faktor 15-20
schneller ist, muß im allgemeinen die letztere Version vorgezogen werden, wie an dem folgenden Beispiel für den Fall der Zentralprojektion
ersichtlich wird. In der Abbildung 6 wird eine Situation dargestellt,
in der eine Küstenlinie über den gekrümmten Horizont hinausläuft, und
zusätzlich das Ergebnis auf dem Rasterbildschirm, wie es sich aufgrund
von Rundungsfehlern in T, von Diskretisierungsfehlern in D und nach dem
Clipping im Graphikrechner ergeben könnte. Wird in dieser Situation
etwa im unteren Bereich ein Füllbefehl gestartet, so wird gemäß Abbildung 6 und gemäß der Definition des Füllbefehls auch das obere Gebiet
fälschlicherweise mit der entsprechenden Farbe belegt ("die Farbe läuft
aus"). Es muß also dafür gesorgt werden, daß Linien, die am Horizont
abgeschnitten werden, auch nach der Rasterung noch bis an den diskretisierten Horizont heranreichen. Dies kann jedoch nur dann garantiert
werden, wenn das Clipping am Hostrechner programmiert wird.

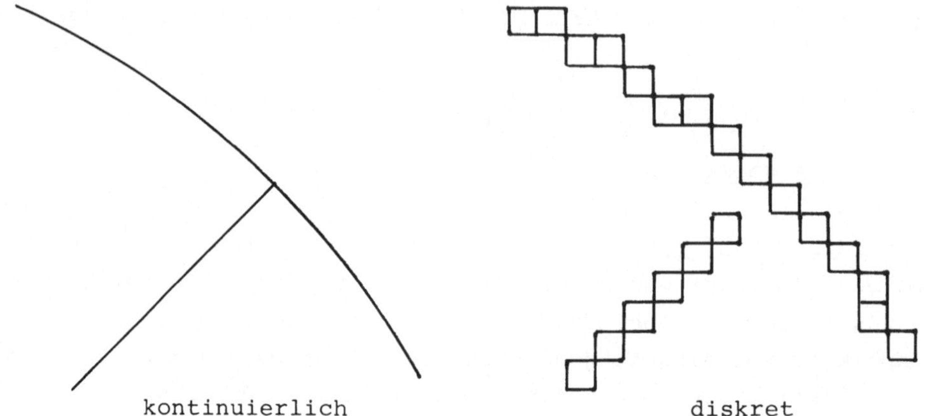

Abbildung 6. Aufgrund von Approximationsfehlern können Gebiete, die
zunächst getrennt sind, nach der Diskretisierung zusammenhängend sein.

Der folgende Algorithmus 1 zur Auswahl der Samenpunkte soll nun keineswegs eine geschickte und effiziente Lösung des Problems darstellen.
Vielmehr handelt es sich wohl um die denkbar einfachste Vorgehensweise,
die noch dazu in gewissen Fällen fehlerhaft arbeitet. Dennoch können
dabei einige Probleme studiert werden, die bei der Einfärbung auftreten
können, und dadurch können brauchbare Hinweise und Bedingungen für die
Konstruktion eines neuen Verfahrens erhalten werden.

Algorithmus 1: — Bestimme das Bild des Nordpols der Erde unter der
Abbildung D∘T und starte von diesem Pixel aus einen
Füllbefehl mit der Farbe blau (für die Wasserflächen).
— Durchlaufe sämtliche sichtbaren Eckpunkte der Polygonzüge und führe für die zugehörigen Endpixel folgende
Anweisungen aus:
Lese aus dem Bildspeicher des Graphikrechners
die Farbwerte der beiden Pixel links und rechts
vom Eckpixel; ist genau eines dieser beiden
Nachbarpixel schon gefärbt, d. h. blau bzw.
grün, dann starte ausgehend vom noch ungefärb-
ten Nachbarpixel einen Füllbefehl mit der jeweils anderen Farbe, d. h. grün bzw. blau.

Wie zu erwarten ist, liefert diese einfache Heuristik nicht in allen
Fällen das gewünschte Ergebnis: Treffen etwa zwei Landspitzen aufein-
ander wie in Abbildung 7 (z. B. Meerenge von Gibraltar), und sei das

gerasterte Bild schon teilweise richtig gefärbt, dann würde der Algorithmus beim Erreichen des markierten Eckpixels die rechte Seite grün
färben und damit das Mittelmeer zur Landmasse machen.

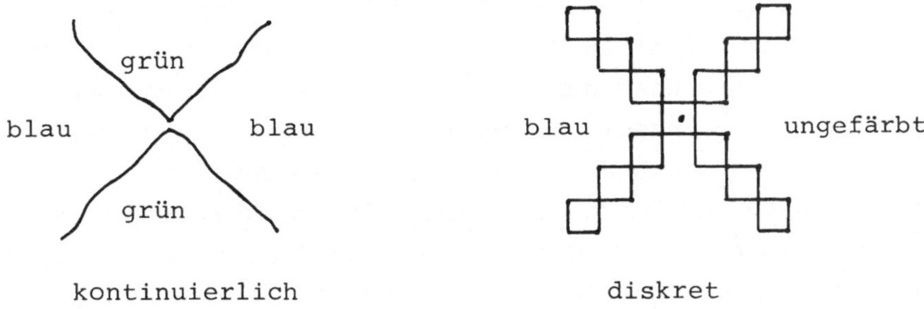

Abbildung 7. Fehlersituation für Algorithmus 1 (˙ Eckpixel)

Dieser Fehler könnte vermieden werden, wenn sämtliche acht Nachbarpixel
untersucht werden und nur dann eine Färbung in Betracht gezogen wird,
wenn genau zwei von diesen Pixeln zum Polygonzug gehören. Doch auch mit
dieser zusätzlichen Abfrage können Schwierigkeiten auftreten, wie auf
den Abbildungen 8 und 9 ersichtlich ist. In Abbildung 8 tritt im wesentlichen das gleiche Problem auf wie in Abbildung 7, nur daß die Landspitzen nun etwas breiter sind: wiederum besteht die Gefahr, daß falsch
gefärbt wird. Dagegen wird das Innere der Insel in Abbildung 9 überhaupt
nicht gefärbt, da alle markierten Eckpixel mehr als zwei Nachbarpixel
besitzen, die zum Polygonzug gehören. Trotz dieser Unzulänglichkeiten
soll dieser verbesserte Algorithmus im folgenden noch verwendet werden.

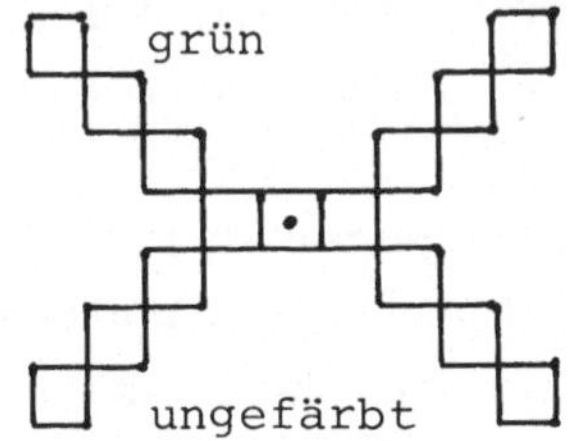

Abbildung 8. Fehlersituation für verbesserten Algorithmus 1

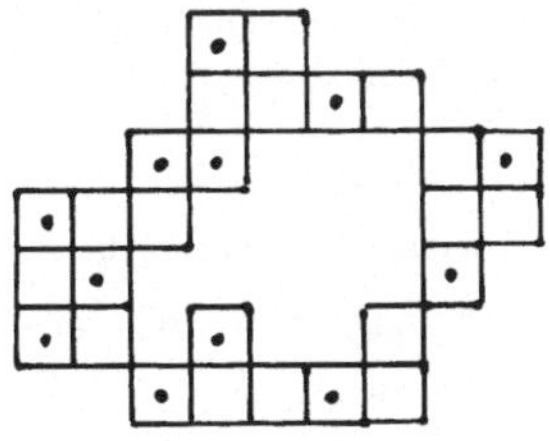

Abbildung 9. Das Innere der Insel wird nicht gefärbt (˙ Eckpixel)

Der entscheidende Nachteil dieses Verfahrens, auf den hier überhaupt noch nicht hingewiesen wurde, ist jedoch der hohe Zeitaufwand. Dies liegt im wesentlichen daran, daß die beiden Rechner das Problem in sequentieller Weise abarbeiten: Zunächst wird ein Füllbefehl vom Nordpol aus durchgeführt. In dieser Zeit wartet der Hostrechner. Dann wird ein nächster Startpunkt für einen Füllbefehl gesucht. Dies wird fast ausschließlich vom Hostrechner durchgeführt, der sich nur gelegentlich Information aus dem Bildspeicher des Graphikrechners geben läßt: d. h. nun wartet der Graphikrechner untätig. Anschließend wird wieder ein Füllbefehl gestartet und der Hostrechner wartet, usw. Besser wäre es also, wenn der Hostrechner schon die nächsten Samenpunkte aussuchen könnte, während der Graphikrechner noch mit dem letzten Füllbefehl beschäftigt ist. Dabei würde es auch nicht schaden, wenn die Anzahl der vom Hostrechner bestimmten Samenpunkte weit größer wäre, als es für eine richtige Einfärbung nötig ist: denn ein Füllbefehl kostet praktisch keine Zeit, wenn das Startpixel schon diejenige Farbe hat, mit der eingefärbt werden soll.

3. Endgültiger Algorithmus

Aus diesen Überlegungen ergibt sich die folgende Idee für den späteren Algorithmus: Für alle zukünftigen Darstellungen der Erdkugel wird ein für alle Mal eine ganze Menge von Samenpunkten ausgewählt. Da dies apriori geschieht, ist der Zeitaufwand für diese Auswahl ohne Bedeutung für die spätere Einfärbung der Erdkugel. Die Menge der Samenpunkte sollte dabei so bestimmt werden, daß die folgenden Bedingungen erfüllt sind: — Jede Landmasse, d. h. auch jede Insel, enthält mindestens einen Samenpunkt.

 — Bei nur teilweise sichtbarer Erde muß gesichert sein, daß in jedem sichtbaren Teilgebiet mindestens ein Samenpunkt liegt. Dies kann insbesondere bei der Annäherung der Kamera an die Szene (engl. zoom) nur bis zu einer gewissen Auflösung erfüllt sein: in einem kreisförmigen Gebiet mit Radius d soll mindestens ein Samenpunkt liegen (Auflösung d).

 — Aufgrund der Projektion D können Gebiete, die in der Realität zusammenhängend sind, im zweidimensionalen Bild nicht mehr zusammenhängend sein. Dies geschieht etwa dann, wenn sich Landengen nach der Diskretisierung so zusammenschnüren, daß die Küstenlinien auf beiden Seiten zusammenfallen. In solchen Fällen muß gesichert sein, daß auch die abgeschnürten Teile rich-

tig eingefärbt werden, d. h. diese Teile müssen auch Samenpunkte enthalten.

— Außerdem muß die Menge der Samenpunkte sozusagen auf die ganze Oberfläche der Kugel verteilt werden und es kann erst beim
späteren Einfärben anhand der aktuellen Situation entschieden
werden, ob der eine oder andere Punkt nun tatsächlich Ausgangs-
punkt eines Füllbefehls wird.

Wie werden nun Kandidaten für diese Samenpunkte bestimmt, d. h. wie wird
a-priori festgestellt, ob ein Punkt zum Land oder zum Meer gehört? Da
die Punkte über den ganzen Erdball verteilt sein müssen, wird zunächst
ein Abbild der Erdkugel erzeugt, auf dem sämtliche Landmassen zu erkennen sind. Dies leistet z. B. die Zylinderprojektion (siehe Abbildung 2).
Zunächst werden wieder alle Küstenlinien im Bildspeicher des Graphikrechners eingetragen. Das entstehende Gebilde muß dann richtig eingefärbt werden. Dies kann etwa mit dem verbesserten Algorithmus 1 geschehen, da bei dieser einmaligen a-priori-Rechnung der Zeitbedarf keine
Rolle spielt und etwaige Fehler nach Ablauf des Algorithmus interaktiv
am Graphikrechner verbessert werden können. Alle Pixel, die nun grün
gefärbt sind, stellen Kandidaten für Samenpunkte dar. Die Menge dieser
Kandidaten bzw. die grün gefärbte Fläche auf dem Bildschirm werde mit
K bezeichnet.

Bevor die Auswahl der Samenpunkte aus der Menge der Kandidaten beschrieben werden kann, muß noch auf ein Problem hingewiesen werden, das sich
beim späteren Zeichnen der Erdkugel und wieder aufgrund der Diskretisierung ergeben kann. Für Samenpunkte, die sehr nahe an einer Küstenlinie
liegen, kann im Bild der folgende Fall eintreten (Abbildung 10). Das
Bild des Samenpunktes kann nach der Projektion T beliebig nahe am Bild
der Küstenlinie sein. Da die Küstenlinie diskretisiert wird, kann der
Fall eintreten, daß der Samenpunkt sich zwar links von der eigentlichen
Küstenlinie befindet, das Samenpixel aber rechts von der diskretisierten
Küstenlinie liegt, so daß ein Füllbefehl die falsche Seite einfärben
würde.

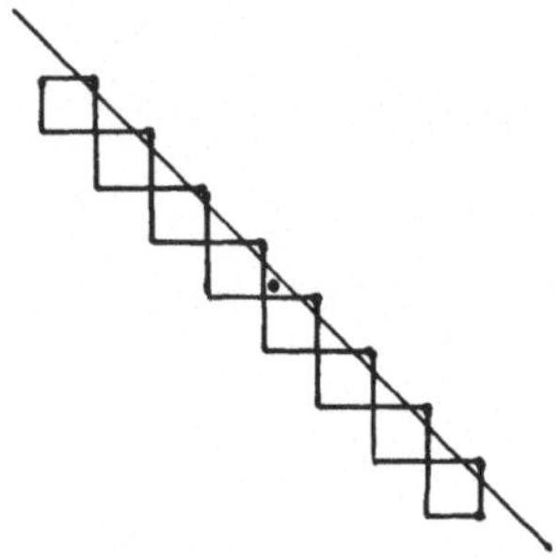

Abbildung 10. Küstenlinie und deren Diskretisierung (˙ Samenpunkt)

Um diesen Fehler zu vermeiden, wird für jeden der ausgewählten Samenpunkte ebenfalls im voraus die minimale Entfernung zu einer Küstenlinie
berechnet. Der zusätzliche Rechenaufwand spielt wiederum keine Rolle,
da dies a-priori und nur einmal durchgeführt wird. Beim späteren Zeichnen wird für jeden Samenpunkt folgender Test vom Hostrechner ausgeführt:
Zunächst wird das zum Samenpunkt gehörige Samenpixel bestimmt. Anschließend werden von den vier Eckpunkten des Quadrats, welches
durch die acht Nachbarpixel des Samenpixels festgelegt wird, die
Urbilder auf der Kugeloberfläche berechnet (siehe Abbildung 11 für
einen dieser Eckpunkte) und schließlich deren Entfernung vom Samenpunkt. Ist eine dieser vier Entfernungen größer als die, im voraus
berechnete, Küstenentfernung des Samenpunktes oder besitzt einer
der vier Eckpunkte kein Urbild auf der Kugeloberfläche, so wird
kein Füllbefehl gestartet (Urbildtest).

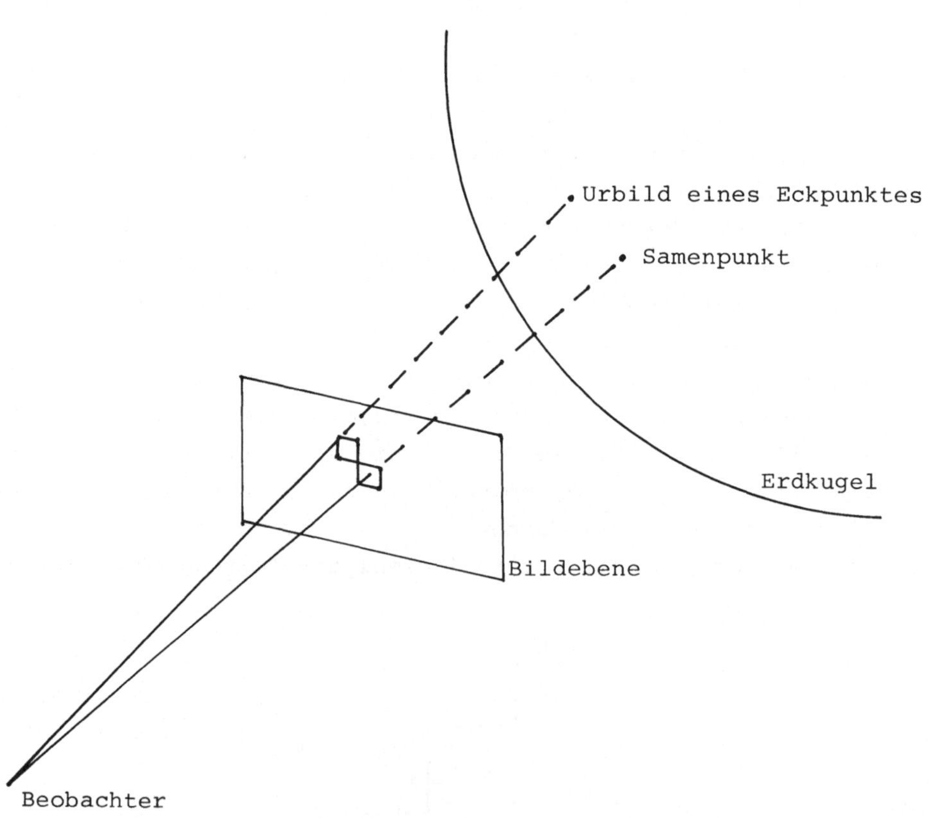

Abbildung 11. Urbildtest am Beispiel der Zentralprojektion

Aus der großen Menge K von Kandidaten wird nun die Menge der Samenpunkte so gewählt, daß gilt: Wird jedem der ausgesuchten Samenpunkte
ein Kreis mit einem gewissen Radius r zugeordnet, so überdeckt die
Vereinigung dieser Kreisscheiben das Gebiet K. Der Radius r ist dabei
zu wählen als Minimum der Auflösung d und der jeweiligen Küstenentfer-
nung. Bei der Auswahl der Samenpunkte wird mit Hilfe von heuristischen
Verfahren versucht, die Anzahl der Punkte möglichst klein zu halten.
Zusätzlich zu den Koordinaten der ausgesuchten Punkte wird die jewei-
lige Entfernung zur Küste abgespeichert.
Die Darstellung der Erdkugel läuft dann gemäß Algorithmus 2 ab:
— Färbe den von der Erde bedeckten Teil des Bildschirms in blauer Far-
    be (bei der Zentralprojektion ist dies eine Kreisscheibe).
— Zeichne die sichtbaren Küstenlinien etwa in weißer Farbe so ein, daß
    in der Realität getrennte Gebiete auch am Rasterbildschirm getrennt
    bleiben.
— Durchlaufe die Menge der Samenpunkte und starte einen Füllbefehl in
    grüner Farbe, falls die entsprechenden Tests (Sichtbarkeit, Urbild-
    test) dies erlauben.
Diese Tests können am Hostrechner für viele Samenpunkte durchgeführt
werden, während der Graphikrechner noch mit dem letzten Füllbefehl be-
schäftigt ist. Damit ist eine gleichmäßigere Auslastung der beiden
Rechner gewährleistet, als dies im Algorithmus 1 der Fall war. Dieser
Algorithmus 2 erfüllt die zu Beginn des Kapitels gestellten Bedingungen. Außerdem wird auch der Zeitaufwand hinreichend klein (vergl. Aufgabenstellung).

4. Zusammenfassung

In dieser Arbeit wurde ein effizientes Verfahren (Algorithmus 2) zur
Einfärbung der Erdkugel vorgestellt. Diese Effizienz wurde erreicht,
indem a-priori eine Reihe von Samenpunkten ausgewählt wurde, die dann
bei der eigentlichen Färbung als Startpunkte für Füllbefehle dienen
sollen. Dadurch wird erreicht, daß die beteiligten Rechner das Problem
in gewissem Sinne parallel verarbeiten können.
Natürlich sind auch andere Verfahren zur Lösung dieses Problems denkbar: an der Universität Bremen wurde ein Algorithmus entwickelt, welcher die gegebenen dreidimensionalen Polygonzüge auf geschlossene zwei-
dimensionale Polygonzüge abbildet, gemäß der Projektion T und unter Berücksichtigung der Sichtbarkeit (Rekombination von Polygonen am Hostrechner). Diese zweidimensionalen Polygone können vom Graphikrechner

in sehr kurzer Zeit gefüllt werden (engl. primitiv fill oder polygon fill). Nach Auskunft der Bremer Kollegen (Herr H. Jürgens) ist dieses Verfahren etwa ebenso schnell wie Algorithmus 2.

Eine weitere Möglichkeit bestünde darin, die Oberfläche der Erdkugel durch kleine, ebene Flächenstücke (engl. patches) zu approximieren. Mit Hilfe eines sogenannten Z-Puffers (engl. z-buffering) wählt der Graphikrechner die sichtbaren Teile sehr schnell aus. Dieses Verfahren ist jedoch in zeitlicher Hinsicht nur dann konkurrenzfähig, wenn sämtliche "patches" a-priori in den Speicher des Graphikrechners geladen werden. Bei der im Augenblick zur Verfügung stehenden Rechnerkonfiguration können aber nur 10 000 - 15 000 Flächenstücke gespeichert werden, so daß die erreichte Auflösung bei weitem geringer ist als etwa beim Algorithmus 2, bei dem diese nur durch den Bildschirm und die gegebenen Daten beschränkt ist. Sollte dieser Speicherengpaß einmal überwunden werden, so wird dieses Verfahren sofort interessant, da hier insbesondere eine Schattierung der Erdkugel mit verschiedenen Helligkeitsstufen von grün bzw. blau möglich ist.

Fractals through periodic variation of control parameters of iterated maps on the interval

Mario Markus, Benno Hess
Max-Planck-Institut für Ernährungsphysiologie
Rheinlanddamm 201
4600 Dortmund 1

Abstract

One-dimensional iterations are examined under periodic variation of a control parameter between two values A and B. The Lyapunov exponent λ is calculated, and the function $\lambda(A, B)$ is represented graphically on the A-B-plane using different grey levels for different λ's. An overwhelming richness of fractal structures is obtained. The graphical technique allows the straightforward identification of system properties: coexistence of two or more attractors, closed and crossing superstable lines, order arising counter intuitively from alternating chaotic processes, and chaos resulting from "permanent transients" at surprisingly low control parameter values.

Wir untersuchen eindimensionale Iterationen bei periodischer Änderung eines Kontrollparameters zwischen zwei Werten A and B. Der Lyapunov-Exponent λ wird berechnet, und die Funktion $\lambda(A, B)$ in der A-B-Ebene graphisch dargestellt. Verschiedenen Werten von λ entsprechen dabei verschiedene Graustufen im Bild. Es ergeben sich vielfältige fraktale Strukturen, und das graphische Verfahren gestattet unmittelbar die Feststellung von Eigenschaften des Systems: Koexistenz von zwei oder mehr Attraktoren, geschlossene und sich kreuzende superstabile Kurven, Ordnung aus alternierenden chaotischen Prozessen und Chaos bei überraschend niedrigen Kontrollparametern durch sogenannte "immerwährende Transienten".

Introduction

One-dimensional maps

$$x_{n+1} = f(x_n) \tag{1}$$

have received much attention during the last 15 years, mainly owing to the advances in computer technology allowing to perform large numbers of iterations under large numbers of conditions. Reviews about the dynamic behaviour of maps of this type are found in [1] and [2]. Some applications are:

1. Biological populations with no generational overlap, such as many temperate zone arthropods with one short lived adult generation per year [3], bivoltine insects (i.e. insects having a summer and a winter generation [4]), and cicadas emerging every 13 years [5].
2. Biological populations with generational overlap [6].
3. Epidemic diseases, such as measles. An overview is given in Table 1 of reference [7].
4. One-dimensional alloys [8]. Here, the index n does not refer to discretized time as in the applications above, but to discretized space.
5. Quasi-one-dimensional ribbons [9].

The most extensively studied form of Eq. (1) is the logistic map

$$x_{n+1} = f(x_n) = r\, x_n\, (1-x_n) \tag{2}$$

r is an overall, empirical parameter which describes the external control conditions imposed on the system, e.g. the environment of an ecosystem. In the present contribution, we let this control parameter depend on n. Thus, we set

$$x_{n+1} = f_n(x_n) = r_n x_n (1-x_n). \tag{3}$$

In order to include a minimum number of variables in our analysis, we make a dichotomic hypothesis, allowing r_n to assume only two values A and B. We let r_n change according to different periodicities such as BABA..., BBBAA BBBAA..., etc. In other words, we investigate the influence of periodically changing control conditions on the dynamical system (see also [10-13]). In an ecosystem, A and B represent "good" and "bad" seasons, for example.

The specific choice of the logistic map is not very restrictive regarding the applicability of our investigations, since two maps which are "topologically conjugated" exhibit the same dynamic features (see [14,15] and references therein). Two maps f and g are said to be topologically conjugated if there exists a third map h such that

$$g = h \circ f \circ h^{-1}. \tag{4}$$

In particular, the logistic map is topologically conjugated with any application $g:[a,b] \rightarrow [a,b]$, such that $g(a)=g(b)=a$, and g having one parabolic maximum in the $[a,b]$ interval.

It is especially interesting that the logistic map is topologically conjugated with the map

$$x_{n+1} = x_n \exp [r(1-x_n)] \tag{5}$$

which was introduced by RICKER [16] to describe salmon populations from the Pacific coast of Canada. It has been recognized also [5,17] that this map has properties closely related to the logistic differential equation

$$\frac{dx}{dt} = r \; x \; (1-x) \tag{6}$$

which has been found to describe the growth of Paramecia, yeast cells, E. coli, Drosophila and some flour beetles [3,18]. Furthermore, an equation similar to (5) fits to the records of incidences of measles, mumps and rubella in Copenhagen [19].

2. Methods of Analysis

We investigate the sensitivity of the system to initial conditions under different A and B and under different sequences of A and B. This sensitivity is described by the Lyapunov exponent λ. Analytically

$$2^{N\lambda} = \left| \frac{\partial}{\partial x_0} x_N(x_0) \right| \quad , \qquad N \rightarrow \infty \tag{7}$$

Here, x_0 is the "seed", i.e. the first value of the iteration. We set $x_0 = 0.5$ throughout this work. Order (i.e. periodicity of the x_n) is indicated by $\lambda < 0$. For $\lambda < 0$, all uncertainties in the initial conditions are damped out. For $\lambda > 0$, any uncertainty in the initial conditions will grow exponentially (in the average), thus making long-term predictions impossible, even if the system is deterministic.

Using the chain rule of differentiation, Eq. (7) leads to

$$\lambda = \lim_{N \to \infty} \frac{1}{N} \sum_{n=1}^{N} \log_2 \left| \frac{d \ x_{n+1}}{d \ x_n} \right| \tag{8}$$

where

$$\frac{d \ x_{n+1}}{d \ x_n} = r_n - 2 \ r_n \ x \ n \tag{9}$$

for the logistic map.

Our aim is a representation of λ on the A-B-plane with high numerical precision and graphical resolution. One major computational problem is the proper choice of the number of iterations N. Convergence tests for λ, as determined form Eq. (8) with a finite N, showed that near superstability ($\lambda \to -\infty$) a few iterations are sufficient, while close to bifurcations ($\lambda \approx 0$), N must be of the order of 10^4 to obtain sharp pictures. Since the approach to the limes in Eq. (8) is highly irregular, a reliable convergence criterium could not be found. Therefore, we set $N=4 \times 10^4$ throughout. Furthermore, we started by iterating 600 times before applying Eq. (8) to allow transients to die away. All operations were performed using double-precision arithmetics.

The logarithm function was tabulated as an integer array in order to reduce computing time. This array consisted of J=5000 values with equidistant arguments in the interval]0,4]. The arguments and logarithms were stored after real multiplication with J and subsequent rounding to the next integer. Logarithms for the calculations of the λ's were determined using this table after multiplication of the argument by J and division of the result by J.

The calculations were performed using a PERKIN-ELMER 3230 computer. Programs were written in FORTRAN. Results were displayed with the raster graphic system MODEL ONE/80 from Raster Technologies (1280 x 1024 pixels, 8 bits per pixel). This setup allows to display $2^8 = 256$ grey levels (or colours) at a time.

Each pixel in the graphical display corresponds to one (A,B)-pair, and the grey level (or colour) at each pixel indicates the value of λ for that pair. In order to utilize the grey levels (colours) in an optimal way, they were distributed according to the distribution of λ-values. For this purpose, all 1280 x 1024 calculated λ-values were sorted, and the λ-interval under study (I_λ) was divided into 256 intervals, each one having the same number of pixels.

Since the algorithmic information given above is explicit enough to be programmed straightforwardly in a manner appropriate to the user's resources, we refrain here from writing an explicit computer program.

In Figs. 1 to 7 the λ-interval is $I_\lambda =]-\infty, 0]$, whereas in Figs. 8 and 9 $I_\lambda =]-\infty, +\infty[$. In the main body of this contribution only black and white pictures are shown (colour pictures are shown in extra pages of this volume). In all black and white pictures, pixels with minimum λ are black, pixels with growing λ are lighter and lighter, and they are white for $\lambda = 0$. In Figs. 1 to 7 all pixels with $\lambda > 0$ are black again. The discontinuity from white to black at $\lambda = 0$ was introduced here with the intention to visualize drastically the transition form order ($\lambda < 0$) to chaos ($\lambda > 0$). In contrast, Figs. 8 and 9 do not show such a discontinuity: after grey levels change smoothly from black to white as λ grows from its minimum to zero, they change smoothly back from white to black as λ grows from zero to its maximum value. This latter distribution of shadings permits to visualize structures not only in the ordered but also in the chaotic regions.

For an optimal representation of a rectangular section whose edges are not parallel to the A- and B-axes, we rotated the coordinates in Fig. 8.

In the colour pictures, which are shown in an extra part of this book, $I_\lambda =]-\infty, +\infty[$ and a colour discontinuity - analogous to the black to white discontinuity of Figs. 1 to 7 - is used to mark the transition between order and chaos.

3. Results

The results of the computations are shown in Figs. 1 to 9. On figures 1 to 7, the structures with different grey shadings on the foreground correspond to $\lambda < 0$ (the dark curves within these structures indicate superstability), while the black picture background corresponds to $\lambda > 0$. On pictures having equal A- and B-intervals, the diagonal from the lower left to the upper right corner corresponds to A=B, i.e. to the "classical" logistic equation with $r_n = r = $ const (Eq. 2). Fig. 1a gives an overall view of the behaviour for the simplest periodicity of the control parameters: $\{r_n\} = \{BABABA...\}$. Fig. 1b is a magnification of the window with period 3 within the chaotic region at the upper right part of Fig. 1a. (See scaling of axes). Fig. 1c is again a magnification of the middle portion of Fig. 1b. The self-similar

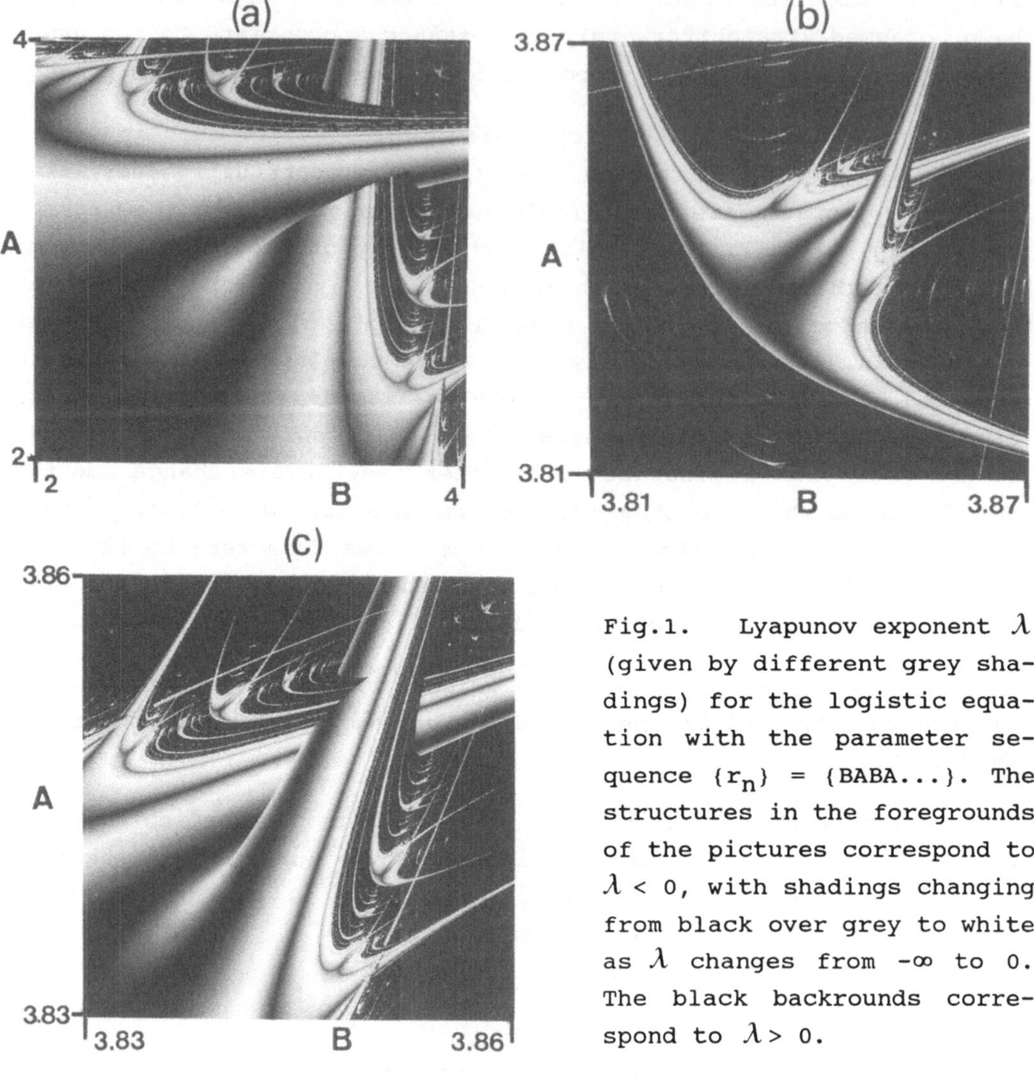

Fig.1. Lyapunov exponent λ (given by different grey shadings) for the logistic equation with the parameter sequence $\{r_n\} = \{BABA...\}$. The structures in the foregrounds of the pictures correspond to $\lambda < 0$, with shadings changing from black over grey to white as λ changes from $-\infty$ to 0. The black backrounds correspond to $\lambda > 0$.

(fractal) structures can clearly be seen in Figs. 1a to 1c: a "swallow"-shaped motif appears over and over at smaller and smaller scales.

Another system property clearly revealed by Fig. 1 is the coexistence of two attractors, as indicated by the crossing of two branches. Coexistence means that different attractors exist for the same control parameters A and B, depending on the initial condition, i.e. on the seed x_o. At the crosssing, one branch covers the other. The branch above is visible here because it is the one which is reached with our particular seed $x_o = 0.5$. The branch below becomes visible for other seeds. Nevertheless, the branch below is detected here because of the visibility of its continuations into regions where only

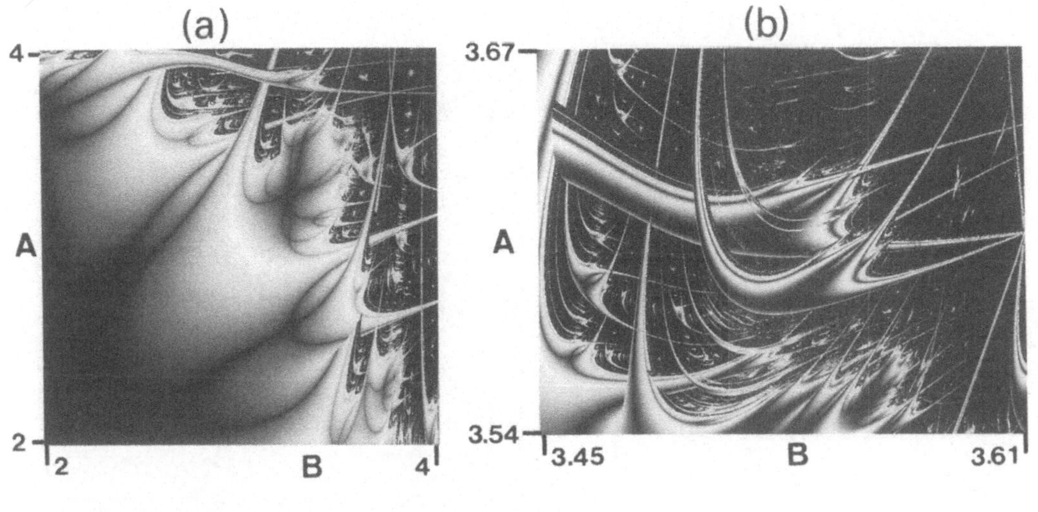

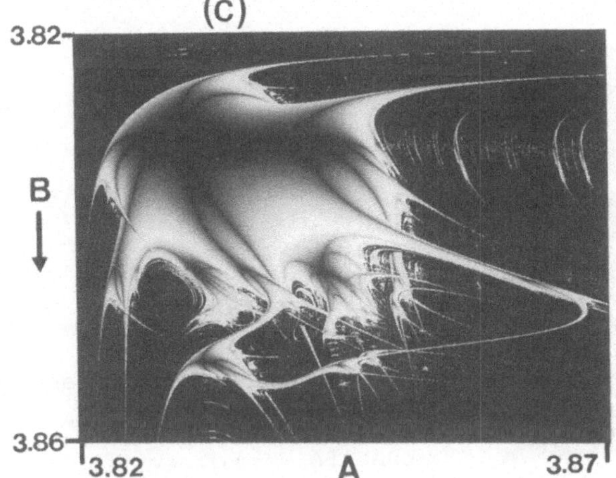

Fig. 2. Representation of λ (see caption of Fig. 1) for the parameter sequence $\{r_n\}$ = {BBABA BBABA ...}.

one attractor exists. Thus, our overall representation on the A-B-plane permits us to show the existence of attractors which are not reached with our particular choice of x_0 and are therefore invisible in the regions of attractor multiciplicity. Furthermore, our graphical technique permits us to determine the number of coexisting attractors in a simple way, namely by counting the number of crossing branches (two branches in Fig. 1; larger numbers in the following figures). In a different dynamic system - oscillating glycolysis - we found up to four coexisting attractors [20,21], using a much more tedious procedure.

Figs. 1b and 1c allow the visualization of another remarkable feature of this dynamic system, namely the generation of order by alternating values of A and B, each of which generates chaos if taken

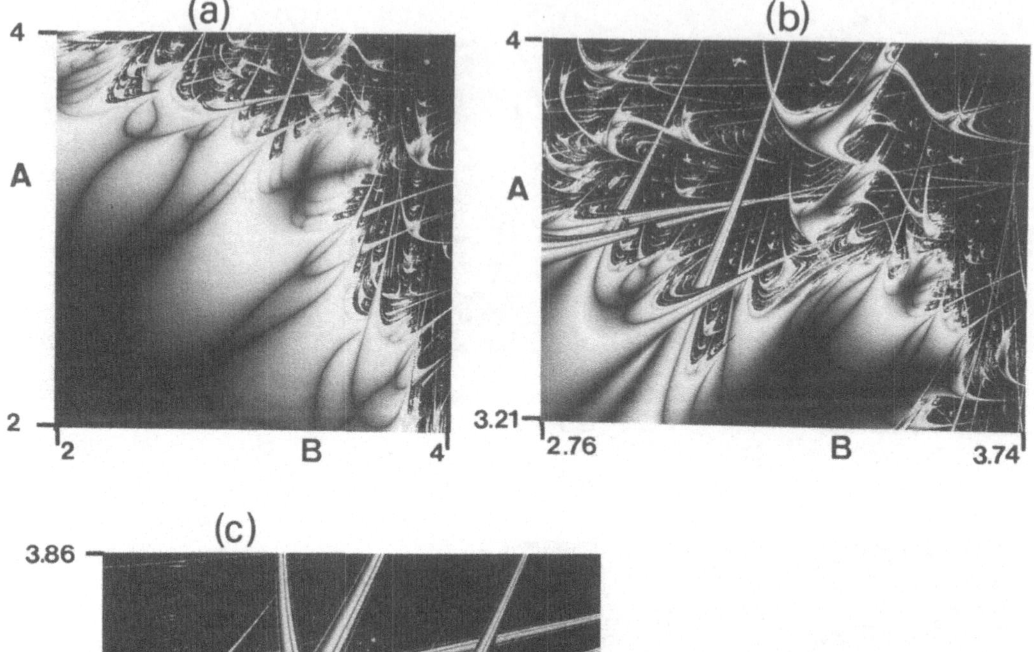

Fig. 3. Representation of λ (see caption of Fig. 1) for the parameter sequence $\{r_n\} = \{$BBABABA BBABABA ...$\}$.

alone. This type of cross talk can be seen at the upper right of Figs. 1b and 1c, namely on the ordered (bright) branches at the right of their overlapping region. Here, there are pairs (A,B) such that the system with alternating A and B is ordered, although the iterations $x_{n+1}=A\ x_n(1-x_n)$ and $x_{n+1}=B\ x_n(1-x_n)$, which correspond to points on the diagonal of the figures, lead to chaos. (A typical example is given by A=3.85232, B=3.84971).

Fig. 2 shows the effect of a repetition of B every two A's, i.e. of the sequence $\{r_n\} = \{$BBABA BBABA ...$\}$. Fig. 2a gives an overall view, analogously as Fig. 1a. Notice here the multiple crossings of superstable curves. Fig. 2b shows an enlargement of a small portion of the upper right part of Fig. 2a. Fig. 2c shows the period 3 win-

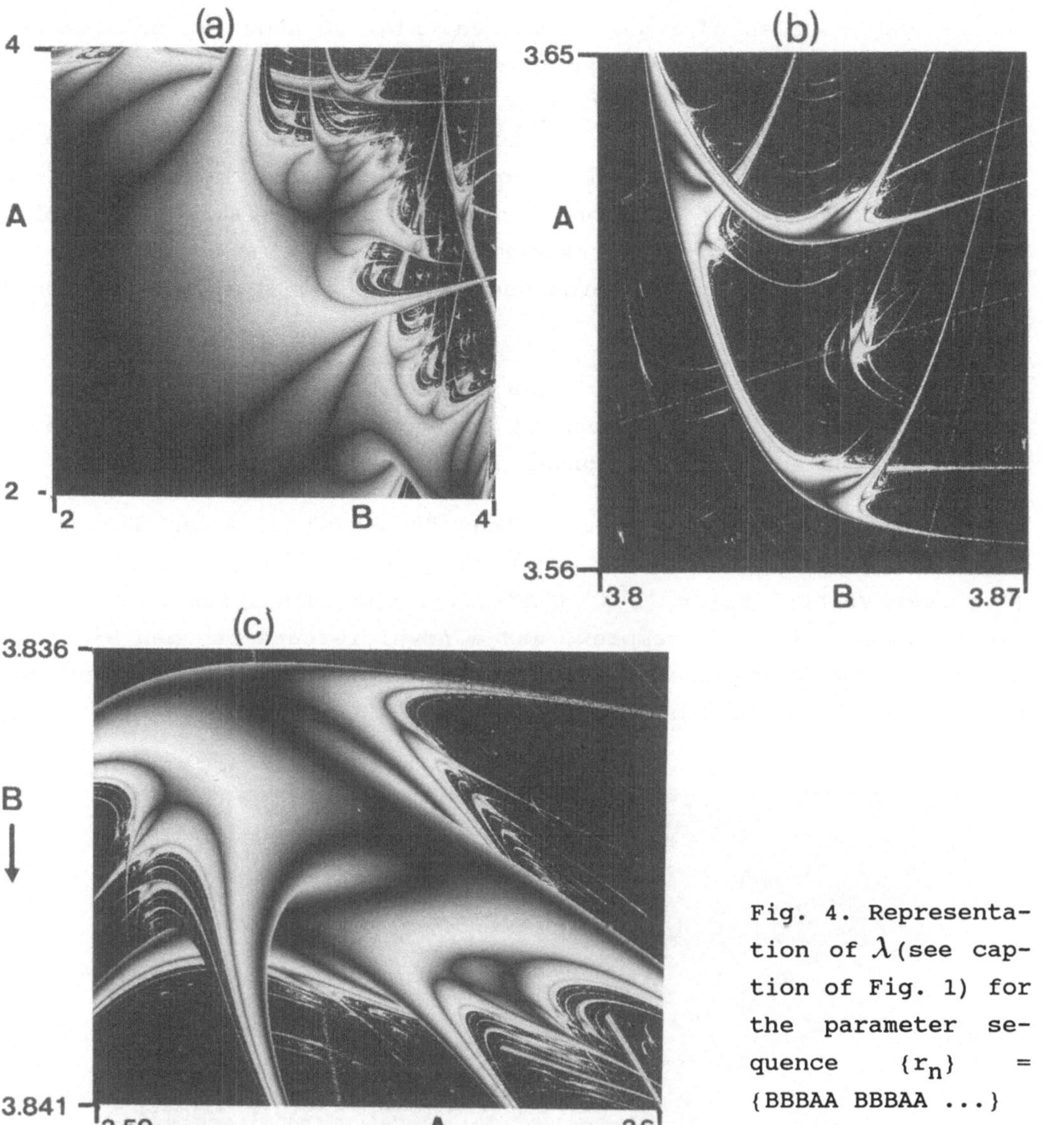

Fig. 4. Representation of λ (see caption of Fig. 1) for the parameter sequence $\{r_n\}$ = {BBBAA BBBAA ...}

dow. (See scaling of axes). Compare Fig. 1b with Fig. 2c: The "swallow"-shaped pattern is turned into a "monster"-shaped pattern. The overlapping of branches in Fig. 2 permits again to identify coexistence of attractors: two attractors in different regions of Figs. 2a, 2b and 2c, three attractors slightly at the right of the middle part of Fig. 2b, five attractors at the upper right part of Fig. 2a and at the middle of the extreme right of Fig. 2b.

Fig. 3 shows the effect of the repetition of B every three A's, i.e. of the sequence $\{r_n\}$ = {BBABABA BBABABA ...}. Fig. 3a has again the A- and B-scales of Figs. 1a and 2a. Fig. 3b shows an enlargement of a region at the upper right part of Fig. 3a. Fig. 3c, in turn, shows an enlargement of a region of the upper right part of Fig. 3b. (See scaling of axes). Fig. 3c displays two overlapping "swallow"-shaped structures (compare with Fig. 1b). Here, two branches of the left "swallow" overlap with one branch of the right one, indicating the coexistence of three attractors. At the middle of the extreme right of Fig. 3b, seven branches overlap, indicating sevenfold coexistence.

Fig. 4 displays results for the sequence $\{r_n\}$ = {BBBAA BBBAA...}. Ecologically this could correspond to populations with five generations per year subject to a longer season BBB and a shorter season AA.

In Fig. 5 there are equally long "seasons" of A and B with 12 logistic recurrences (e.g. population generations) per full period (e.g. per year): $\{r_n\}$ = {B^6A^6 B^6A^6 ...}. The structures on the A-B-plane become extremely complex, and a novel feature becomes visible: a closed superstable curve (dark closed curve within the bright region at the lower left of the figure).

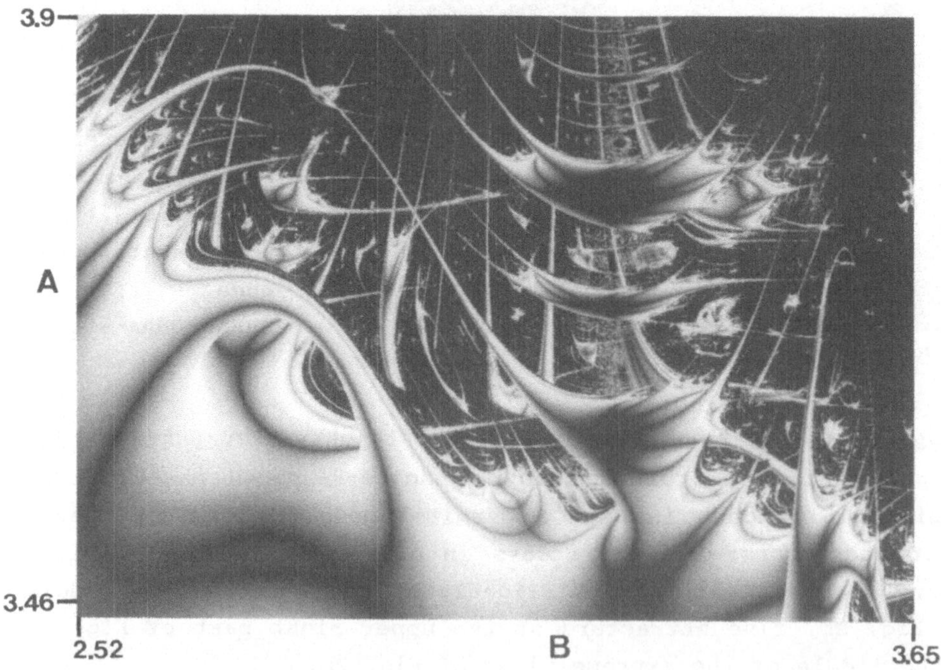

Fig. 5. Representation of λ (see caption of Fig. 1) for the sequence $\{r_n\}$ = {B^6A^6 B^6A^6 ...}

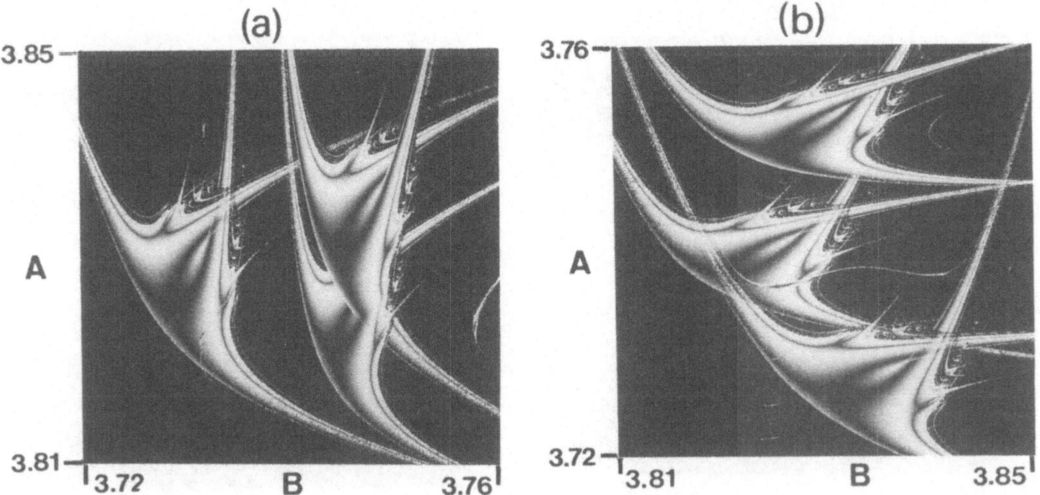

Fig. 6. Representation of λ (see caption of Fig. 1) for the sequence $\{r^n\} = \{BAB^3A^3\ BAB^3A^3\ ...\}$. Note: (a) and (b) have inverse scalings.

In Fig. 6 we show two examples of threefold overlapping "swallow"-shaped structures (compare with the single structure in Fig. 1c and the double structure in Fig. 3c). It is an open question to correlate the sequence periodicities with the occurrence of these structure multiplicities.

Fig. 7 shows the effect of periodic short interruptions B in a sequence of A's: $\{r_n\} = \{A^kB\ A^kB\ ...\}$. Fig. 7 together with other results not shown here reveal that the effects of even and odd k are different. With the help of our graphical technique, we here discover chaotic behaviour at values of A and B well below the commonly known threshold for chaos at constant r_n, which is $r_o = 3.56994567\ ...\ $. The regions of this "early chaos" are seen in the pictures as black, fractally structured "bays" getting narrower as A becomes lower. For uneven k, these bays appear at especially low B. While Figs. 7a and 7b display the full range $2 \leqslant A, B \leqslant 4$, Fig. 7c shows one of the bays in a smaller scale, for k=21. Chaos appears here, for example, at A=3.34 and B=1.199. This chaotic behaviour can be explained as follows. For r_n=A=const, Eq. (3) becomes Eq. (2) and leads to a periodic x_n-sequence oscillating between two values x^- and x^+ (period 2). The series of k applications of $x_{n+1} = A\ x_n\ (1-x_n)$ leads to a value very near x^-. The map $x_{n+1} = B\ x_n\ (1-x_n)$, which is interspersed every k iterations, drives x_n into the neighbourhood of the unstable fixed point $x^* = 1-1/A$ of the map x_{n+1}=A $x_n(1-x_n)$. During the next k iterations with the parameter A, the system moves away from x^*

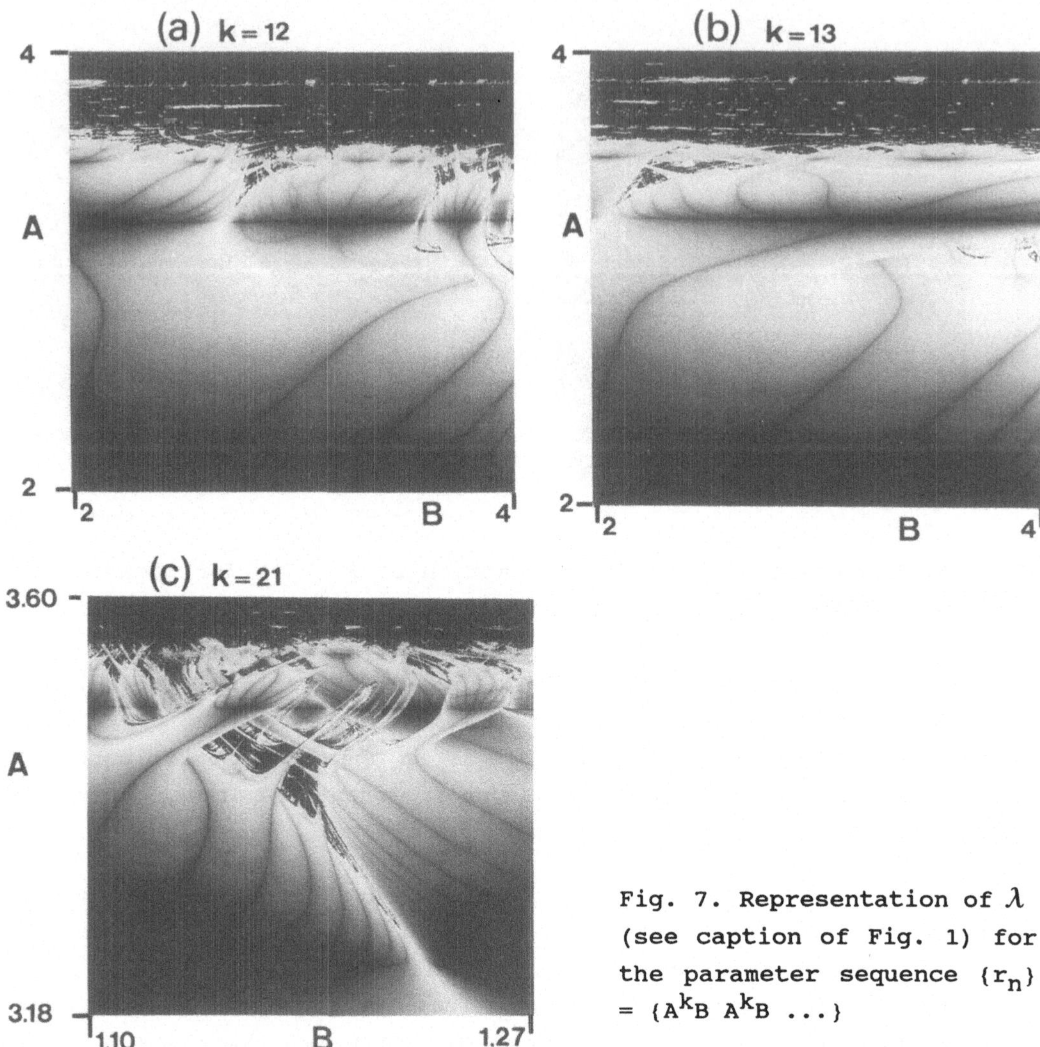

Fig. 7. Representation of λ (see caption of Fig. 1) for the parameter sequence $\{r_n\}$ = $\{A^k B \; A^k B \; \ldots\}$

until it comes close to x^-. Then it is reset to x^* again, and so on. Thus, chaotic behaviour is induced by predominantly sampling the vicinity of the unstable fixed point, keeping the system in a state of "permanent transients". This mechanism for chaos has not been reported in the literature. A review of the other, well-known routes to chaos is found in reference [22].

In Fig. 8 and 9, the rule for the assignment of grey level values according to the values of λ is different to the rule used in all preceding pictures (see section 3). In these figures there is no jump from white to black at $\lambda = 0$, but smooth transitions from black to white to black. Thus, structures can be visualized both within the ordered and the chaotic regions.

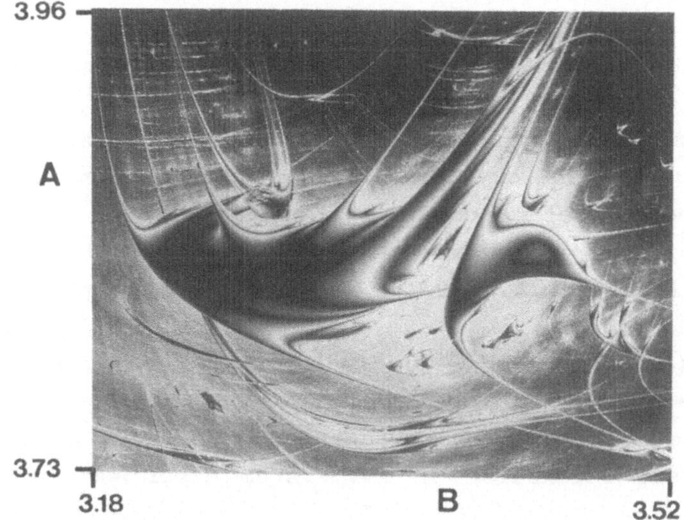

Fig. 8. Representation of λ for $\{r_n\} = \{BAB^2A^2B^3A^3 \; BAB^2A^2B^3A^3 \; \ldots\}$ with smooth grey shading change at $\lambda = 0$.

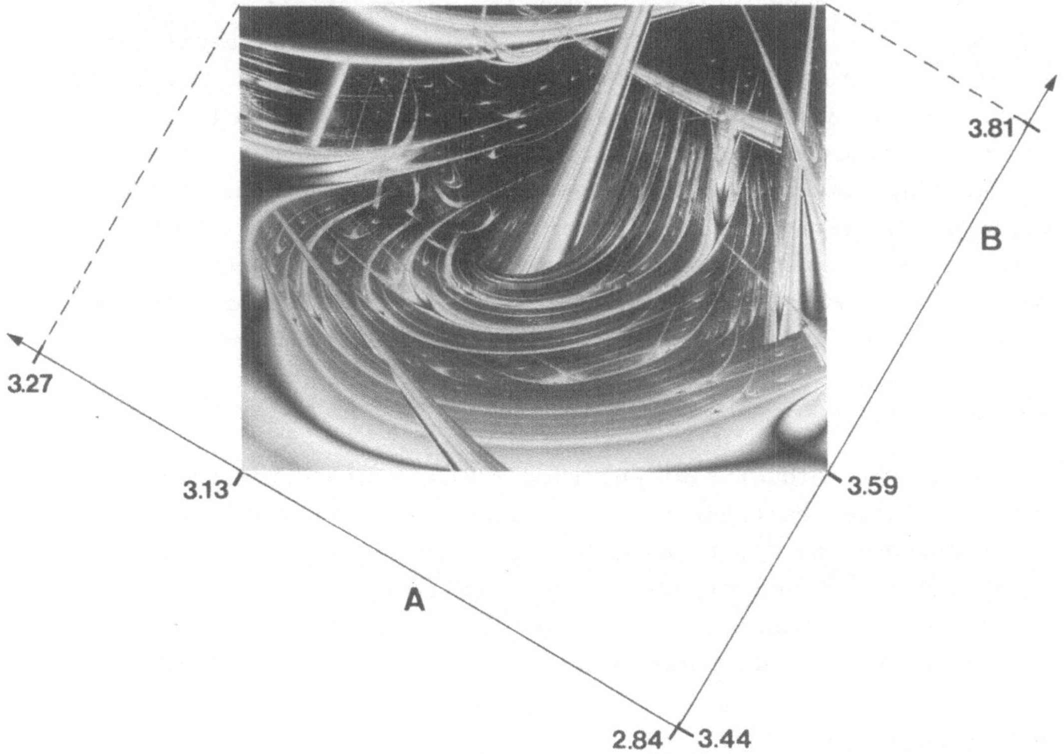

Fig. 9. Representation of λ for $\{r_n\} = \{B^5A^5 \; B^5A^5 \; \ldots\}$ with smooth grey shading change at $\lambda = 0$, and with clockwise rotation of the graphical coordinates with respect to the parameter coordinates by 61°.

4. Conclusions

The graphical displays described here reveal some remarkable system properties:

1. The ordered (periodic) regions have a self-similar (fractal) structure consisting of "swallow"- or "monster"-shaped sets, depending on the periodicity of the control parameters.

2. Coexistence of two or more attractors can readily be detected on the pictures, even if the initial value (seed) is hold constant throughout all computations.

3. Superstable curves (curves where $\lambda \to -\infty$) may be closed. Also, many superstable curves may cross at single points. It is worth pointing out that superstability is of fundamental importance as it implies extremely fast relaxation of the system after external perturbations.

4. In contrast to expectations, two alternating control parameters may lead to order even if each parameter taken alone leads to chaos.

5. Chaotic regions appear for very low values of the control parameters ("early chaos"). Chaos in such cases can be explained by a dynamic state of "permanent transients" due to the periodic resetting into an unstable state. This unexpected observation thus reveals a novel mechanism for chaos.

Summarizing, we can say that the high resolution graphical technique employed in the present work allows the identification of complex dynamic properties in parameter space by simple visual inspection. Without our graphical setup, these dynamic properties can only be found by chance or by complicated numerical searching procedures.

Acknowledgements

We thank Prof. Miguel Kiwi and Prof. Jaime Rössler for valuable suggestions. Also, we thank Mrs. Gesine Schulte for efficient photography, Mrs. Bettina Plettenberg for efficient production of the manuscript and Mr. Jürgen Marsch for programming assistance. We gratefully acknowledge the support of this work by the Stiftung Volkswagenwerk. One of us (M.M.) also thanks DAAD and FONDECYT for travel funds.

References

1. P. Collet, J.-P. Eckmann: *Iterated Maps on the Interval as Dynamical Systems*, Progress in Physics, Vol. I (Birkhäuser, Boston 1980)

2. R.M. May: Nature $\underline{261}$, 459 (1976)

3. R.M. May: Theoretical Ecology: Principles and Applications, Chapter 2 (Blackwell, Oxford 1976)

4. M. Kot and W.M. Schaffer: Theor. Popul. Biol. $\underline{26}$, 340 (1984)

5. R.M. May: Science $\underline{186}$, 645 (1974)

6. S.D. Tulyapurkar, S.H. Orzack: Theor.Popul. Biol. $\underline{18}$, 314 (1980)
   S.D. Tulyapurkar: Theor. Popul.Biol. $\underline{21}$, 114 (1982)
   J. Cohen: Advan. Appl. Prob. $\underline{9}$, 18 (1977)

7. W.M. Schaffer: IMA J. of Math. Applied in Med. and Biol. $\underline{2}$, 221 (1985)

8. J. Rössler, G. Martínez, M. Kiwi: Solid State Comm. $\underline{61}$, 395 (1987)

9. Y. Liu, K. Chao, Phys. Rev. $\underline{B33}$, 1010 (1986)

10. M. Markus, B. Hess, J. Rössler, M. Kiwi: In Chaos in Biological Systems, ed. H. Degn, A.V. Holden and L.F. Olsen (Plenum Publ. Co., N.Y. 1987) p. 267

11. J. Rössler, M. Kiwi, M. Markus: In From Chemical to Biological Organization, ed. M. Markus, S.C. Müller and G. Nicolis (Springer-Verlag, Heidelberg 1988) p. 319

12. M. Markus, B. Hess, J. Rössler, M. Kiwi: In Proc. of the 9th Int. Biophys. Congress, Jerusalem (1987) p. 76

13. M. Markus, B. Hess, J. Rössler, M. Kiwi: In Spatial Inhomogeneities and Transient Behaviour in Chemical Kinetics, ed. P. Gray and G. Nicolis (Manchester Univ. Press), in the press

14. N. Metropolis, M.L. Stein, P.R. Stein: J. Combinatorial Theory $\underline{15}$, 25 (1973)

15. S.J. Chang, M. Wortis, J.A. Wright: Phys. Rev. $\underline{A24}$, 2669 (1981)

16. W.E. Ricker: J. Fish. Res. Board Canada $\underline{11}$, 559 (1954)

17. L.M. Cook: Nature 207, 316 (1965)
    A. MacFadyen: Animal Ecology, Aims and Methods, 2nd ed. (Pitman, London 1963)

18. C.J. Krebs: Ecology: the Experimental Analysis of Distribution and Abundance (Harper and Row, N.Y. 1972) p. 190

19. L.F. Olsen: In Chaos in Biological Systems, ed. H. Degn, A.V. Holden and L.F. Olsen (Plenum Publ. Co., N.Y. 1987) p. 249

20. M. Markus, B. Hess: Proc. Natl. Acad. Sci. USA $\underline{81}$, 4394 (1984)

21. B. Hess, M. Markus: Trends in Biochemical Sciences $\underline{12}$, 45 (1987)

22. H.G. Schuster: Deterministic Chaos (Physik-Verlag, Weinheim 1984)

"Occursus Cum Novo"
Computeranimation durch Strahlverfolgung in einem Rechnernetz

Heinrich Müller, Wolfgang Leister
Achim Stößer, Burkhard Neidecker
Institut für Betriebs- und Dialogsysteme
Universität Karlsruhe
7500 Karlsruhe

Abstract

Das Ziel des Projektes *"Occursus Cum Novo"* war, eine komplexe fotorealistische Animation nichttrivialer Länge in vernünftiger Zeit mit vernünftigen Kosten zu realisieren. Besonders zeitaufwendig ist die Bilderzeugung, wenn komplexe optische Effekte wie Spiegelung und Brechung simuliert werden sollen. Effiziente Bilderzeugungssoftware setzt den Entwurf leistungsfähiger Datenstrukturen und Algorithmen voraus, die die Möglichkeiten heutiger Hardware berücksichtigen. Es wird ein Organisationsschema für ein Netzwerk aus Arbeitsplatzrechnern beschrieben, das es erlaubte, eine fünfminütige, mit dem Strahlverfolgungsverfahren generierte Animation in etwa drei Monaten zu berechnen, ohne die interaktiven Benutzer der Rechner zu stören. Diese Organisation ist auch zum simulativen Modellieren komplexer geometrischer Szenen geeignet, wie sie in fotorealistischen Filmen eingesetzt werden.

The task of the project "Occursus Cum Novo" has been to produce a complex photorealistic animation of considerable length within a reasonable time frame and at reasonable cost. Complex optical effects such as reflection and refraction, in particular, tend to increase production time. The solution of the problem relies on efficient algorithms and data structures which must utilize the capabilities of modern hardware. We present an organizational scheme for an implementation using a network of workstations. A five minute long animation of raytraced scenes was completed within three months without disturbing the local users of the distributed workstations. Our method can also be applied to simulative modelling of complex geometric scenes which are used in photorealistic films.

1. Das Project *"Occursus Cum Novo"*

Die Computergrafikgruppe der Fakultät für Informatik der Universität Karlsruhe arbeitet seit einigen Jahren auf dem Gebiet der fotorealistischen Computergrafik. Ein Schwerpunkt ist das Optimieren der Bilderzeugung durch Strahlverfolgung. Es wurde ein effizientes Strahlverfolgungspaket, VERA (**V**ery **E**fficient **R**aytracing **A**lgorithm), entwickelt, das es erlaubt, umfangreiche Szenen aus vielen tausend geometrischen Elementen in Bilder umzusetzen. Für VERA wurde unabhängig von anderen Forschern (Glassner, 1986, Fujimoto, Tasnaka, Iwata, 1986) die Gittertechnik unter Verwendung eines inkrementellen Vektorgenerators (DDAs) entwickelt (Müller, 1986). Ein Unterschied zu anderen Systemen ist die Kombination der hierarchischen Szenenspezifikation mit der Gitterstruktur. Diese Verbindung erlaubt, große Szenen in Bilder umzusetzen, da sich die Gitterstruktur an die räumliche Verteilung der Geometrie anpaßt. Weitere Einzelheiten zu VERA gehen über die Thematik dieses Beitrags hinaus. Man vergleiche hierzu Schmitt, Müller, Leister (1987) und Müller (1988).

Die Qualität der mit VERA generierten Bilder bewog ein Kommitee des österreichischen Fernsehens (ORF), ein Stipendium zur Produktion einer Computeranimation für den "Prix ARS Electronica '87" in Linz zur Verfügung zu stellen. Gewünscht wurde eine computergenerierte Animation von mindestens drei Minuten Länge in U-matic-Highband-Auflösung. Die für das Projekt zur Verfügung stehende Zeit war ungefähr zehn Monate. Obwohl es damals noch nicht klar war, ob die Aufgabe allein mit VERA zu bewältigen war, wurde die Aufforderung angenommen.

Das Drehbuch von *"Occursus Cum Novo"* versucht die Verschmelzung von vier Bereichen: Wissenschaft, Technik, Natur und Kunst. Dieses wird einerseits durch Zitieren von zahlreichen "realen" Objekten wie einem Wecker, Schachfiguren, Bäumen, Windmühlen, einem Gemälde von MONDRIAN und einer JEAN ARP nachempfundenen Skulptur, andererseits durch Übernahme einiger der Objekte von einer Szene in andere erreicht, von der "harten" in die "weiche" Welt. Die zu diesem Beitrag gehörenden Bilder zeigen typische Szenenausschnitte aus *"Occursus Cum Novo"*.

Szenen werden textuell in der Eingabesprache des VERA-Bilderzeugungsprogramms beschrieben. Eine VERA-Szenendatei enthält die textuelle Beschreibung einer statischen Szene, d.h. jedes einzelne Bild der Animation wird durch eine Datei beschrieben. Abb. 1 zeigt ein Beispiel. Die geometrischen Elemente sind Dreiecke (`P3`) einschließlich der Phong-Interpolationstechnik, Vierecke (`P4`), Kugeln (`Kg`) und Kegelsegmente (`Rot`), die durch die angegebenen Schlüsselworte, gefolgt von geometrischen Parametern, beschrieben werden. Materialien erhalten textuelle Bezeichner (`MatDef`), die für deren Zuweisung zu geometrischen Objekten verwendet werden (`Fb`). Ferner erlaubt die VERA-Sprache, Szenen Namen zuzuweisen, um sie dann als Unterszenen in anderen Szenendefinitionen aufrufen zu können, evtl. transformiert durch eine Komposition aus Rotationen, Translationen und Skalierungen.

Ein Bilderzeugungsjob besteht im Erzeugen eines Bildes aus einer Szenendatei durch das Bilderzeugungsprogramm VERA. Im *"Occursus Cum Novo"* -Projekt wurde die benötigte Rechenleistung von einem Netzwerk aus Arbeitsplatzrechnern geliefert. Arbeitsplatzrechner werden primär als mächtige interaktive Entwicklungsumgebungen installiert, aber nicht unbedingt für rechenaufwendige Aufgaben. Andererseits hat interaktives Arbeiten Leerzeiten zur Folge, z.B. in Arbeitspausen, nachts oder an Wochenenden. Während längere Arbeitspausen für Number-Crunching-Aufgaben explizit reserviert werden könnten, kann eine automatische Organisation auch von kürzeren Leerzeiten Nutzen ziehen. Das kann insbesondere so getan werden, daß inter-

```
Bn Galilei                                              Bildname
Raster 780 576                                          Bildformat
Pixelform 1                             Seitenverhältnis der Pixel
Schatten                                 Schattenberechnung ein
Anti-Alias                                  Antialiasbehandlung ein
RayTrTiefe 3                          maximale Strahlverfolgungstiefe
Kamera 0 -500 300                                       Augenpunkt
0 0 25 0 10 140                      Bildmittelpunkt / oberer Randpunkt
Augenlicht 300000 1 1 1                  weiße Lichtquelle im Augenpunkt


Fb weiss                                      Stein (für Test: weiße Kugel
Kg 0 0 92 12                          mit Mittelpunkt (0,0,92) und Radius 12)
Fb metall                                     Boden: spiegelndes Quadrat
P4 -200 -200 0     -200 200 0     200 200 0     200 -200 0


MatDef weiss
   Drf 1 1 1                                     Diffusreflexion weiß
MatDef metall
   Drf 0 0.5 0.7                                Diffusreflexion blaugrün
   Spd 0.3 0.3 0.8                                 bläulicher Spiegel
```

Abbildung 1. Beispiel einer VERA-Szenenbeschreibung

aktive Benutzer nicht gestört werden. In Kapitel 2 wird das Organisationsschema von *"Occursus Cum Novo"* beschrieben, das so verfährt. Kapitel 3 faßt Erfahrungen mit dieser Organisation bei der Berechnung des Films *"Occursus Cum Novo"* zusammen.

Die andere wesentliche Säule der fotorealistischen Computeranimation ist das realistätsnahe Modellieren der dreidimensionalen Szene. Hier ist die Tendenz zu beobachten, dieses simulativ unter Rückgriff auf Modelle aus Naturwisssenschaft und Technik oder mit speziell für die Bedürfnisse der graphischen Darstellung entwickelten Modellen durchzuführen. Diese Simulationen können ebenfalls recht rechenzeit- und speicherplatzaufwendig sein. In Kap. 4 werden simulative Modelliererverfahren vorgestellt, die in *"Occursus Cum Novo"* angewandt wurden. Ferner wird die Struktur solcher Simulatoren und deren Umsetzung in parallel arbeitenden Rechnersystemen diskutiert.

2. Die Organisation der verteilten Bilderzeugung

Die verwendete verteilte Bilderzeugungsumgebung basiert auf Arbeitsplatzrechnern unter UNIX 4.2BSD, die durch Ethernet verbunden sind. Neben Protokollen auf niederer Ebene ist das Sun Network File System (NFS, 1986) installiert. Für das Organisationsschema waren folgende Bedingungen vorgegeben:

- Leerzeiten sollen gut genutzt werden

- die interaktiven Benutzer sollen auf praktisch allen Maschinen nicht gestört werden

- auf einigen Maschinen sollen gar keine Benutzer gestört werden

- Bilderzeugungsjobs sollen einfach gestartet werden können

- volle Automatisierung mit einfachem Wiederaufsetzen bei Systemzusammenbrüchen.

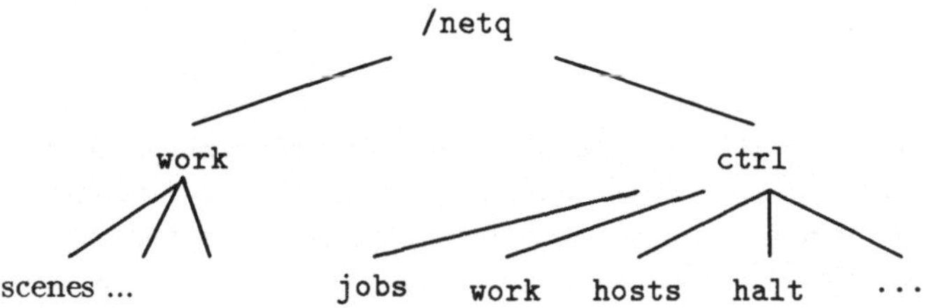

Abbildung 2. Die Dateiverzeichnisstruktur der Network-Queue

Die Lösung kann wie folgt skizziert werden. Die Bilderzeugung wird durch Jobs ausgeführt. Ein Job ist die Berechnung eines Bildes. Die Jobs werden in eine Warteschlange eingefügt, die sogenannte Network-Queue, die auf einer Maschine installiert ist. Diese Maschine wird als sogenannter Server verwendet. Alle anderen Maschinen sind Klienten, die Jobs vom Server abholen, diese ausführen und die Ergebnisse an den Server zurückgeben. Wenn ein Benutzer auf eine Klientenmaschine zugreift, wird der Job abgebrochen. Abgebrochene Jobs werden dem Server mitgeteilt, der sie wieder in die Network-Queue einfügt. Dabei könnte sich das Problem ergeben, daß ein Job niemals beendet wird, da seine Gesamtausführungszeit das längste zur Verfügung stehende Leerzeitintervall übertrifft. Dieses wird dadurch gelöst, daß das VERA-Bilderzeugungsprogramm an der Zeile wiederaufsetzt, an der der Job zuvor unterbrochen wurde. Die Kommunikation erfolgt über NFS, die Software ist in C realisiert.

Diese Lösung unterscheidet sich von anderen bekannten in verschiedenen Punkten (Peterson, 1987):

- Im Unterschied zu APOLLO'S Strategie bei der Strahlverfolgungsanimation "Quest" arbeitet das obige Konzept vollständig automatisch.

- Eine zentralisierte Methode, die von MATTHEW MERZBACHER, University of California, Los Angeles (UCLA), angewandt wurde, setzt die Verfügbarkeit der Rechner für feste Zeitintervalle voraus. Unterbrechbarkeit ist bei diesem System kaum durchzuführen.

- MIKE MUUSS, Army Ballistic Research Laboratory, zerlegt die Bilder in Bündel von Scanlines, die zusammen bearbeitet werden. Das erfordert zusätzliche Verwaltungsmaßnahmen und ein an die Organisationsform angepaßtes Bilderzeugungsprogramm.

- PAUL HECKBERT'S Lösung am New York Institute of Technology (NYIT) ist vollkommen dezentral und verwendet den Plattenspeicher aller Machinen. Ferner erwähnt er Synchronisationsprobleme.

- JOHN W. PETERSON, University of Utah, hatte eine heterogenes Netzwerk. Dafür wurde mehr Overhead zur Verwaltung der verschiedenen Maschinen benötigt, insbesondere bei Systemzusammenbrüchen.

2.1 Der Server

Die Network-Queue ist als Teil des Dateisystems der Server-Maschine implementiert. Sie sitzt in einem Unterverzeichnis /netq (Abb. 2). Dessen Unterverzeichnis work enthält alle Eingabe-, Ausgabe- und Zwischendateien, die für die Einzelbilderzeugung benötigt werden. Das Unterverzeichnis ctrl enthält alle Daten, die zur Steuerung der Network-Queue verwendet werden. ctrl hat weitere Unterverzeichnisse, die in Abb. 2 gezeigt werden. Diese werden wie folgt verwendet:

- jobs
  Hier sind alle rechenbereiten Jobs, die im Augenblick noch nicht aufgegriffen sind, ebenso Aufträge, die gerade unterbrochen sind.

- work
  Hier sind alle Jobs, die gerade bearbeitet werden.

- done
  Alle Aufträge, die bereits bearbeitet sind, werden hier untergebracht. Dies ist eigentlich nur zu Zwecken der Dokumentation und der Fehlerbehebung notwendig. Diese Dateien können nach erfolgreicher Bearbeitung sofort gelöscht werden.

- bad
  Hier werden alle Aufträge untergebracht, bei denen ein Fehler aufgetreten ist, der nicht mehr behebbar ist. Dies ist beispielsweise dann der Fall, wenn das Erzeugungsprogramm aus unerfindlichen Gründen abbricht oder mit kill -9 abgebrochen wird. Nach Beheben der Ursache des Fehlers kann ein solcher Auftrag wieder in das Verzeichnis jobs zurückgebracht werden.

- hosts
  Hier sind alle Hosts eingetragen, die rechenbereit sind, also Maschinen, für die entweder das Idle-Prädikat zutrifft oder Maschinen, die grundsätzlich mitrechnen. In diesen Dateien ist der Zustand in Klartext angegeben.
  (Bsp.: „working on b6a6c78.000", „dispatching", „idle").

- halt
  Rechner, die angehalten werden sollen werden hier mit einer Datei eingetragen (Bsp.: touch 12000c49). Dies ist notwendig, wenn Maschinen für einige Zeit aus administrativen oder technischen Gründen nicht mitrechnen.

- last
  Hier wird verzeichnet, welche Maschine welchen Auftrag zuletzt gerechnet hat bzw. rechnet. Dies ist notwendig, um bei Abbrüchen den alten Status wiederzufinden und die Dateien ordnungsgemäß zu rekonstituieren.

- bin
  Hier sind verschiedene ausführbare Programme abgespeichert, so die VERA-Bilderzeugungssoftware (mehrere Versionen) und einige Dienstprogramme. Spezialprogramme sollten sinnvollerweise im jeweiligen Directory bei den Ein- und Ausgabedateien untergebracht werden.

- **hosttab**

  Diese Datei enthält eine Tabelle, um die `hostid` eines Rechners einem mnemonisch sinnvollen Namen zuzuordnen. Damit kann der Bediener leichter feststellen, welcher Auftrag sich auf welcher Maschine befindet, bzw. auf welcher Maschine eventuell ein Fehler aufgetreten ist.

- **logfile**

  In dieser Datei wird verzeichnet, welcher Auftrag auf welcher Maschine beendet wurde. Ebenso werden die Rechen- und Verweilzeiten mitprotokolliert. Auch der Grund des Abbruchs (Unterbrechung oder Fertigmeldung) wird hier niedergelegt. Dies ist zu Kontrollzwecken nützlich. Mit Hilfe dieser Datei kann auch die Gesamtrechenzeit ermittelt werden.

- **reports**

  Die Datei `logfile` wird jeweils einen Tag lang benutzt. Danach wird sie in `reports` unter Angabe des jeweiligen Datums zu Dokumentationszwecken abgelegt.

- **errlog**

  In dieser Datei wird verzeichnet, aus welchem Grund ein Auftrag, der im Dateiverzeichnis `bad` steht, abgebrochen wurde. Dies ist zur Fehlerermittlung nützlich.

Neue Jobs werden vom Benutzer durch den Aufruf `nq [-f] [-l] [-d] [-8] <file1>` an die Network-Queue übergeben, was von jeder Maschine möglich ist. Dieser Aufruf wird vom sogenannten "Spawner" bearbeitet, einem Programm, das die Aufträge in die Warteschlange einreiht. In der Datei "file1" steht der Auftrag oder die Auftragsschar, die in die Warteschlange eingereiht werden sollen. Wird die Option `-l` angegeben, so ist jede Zeile dieser Datei ein einzelner Auftrag. Das bedeutet, daß so viele Aufträge erzeugt werden, wie es Zeilen in der Datei gibt. Wird diese Option nicht angegeben, so wird die Datei als Ganzes sequentiell abgearbeitet. Der Spawner generiert, abhängig von den Optionen, Dateien, die jeweils einen Auftrag enthalten. Diese Dateien werden im Directory `/netqd/ctrl/jobs` abgelegt. Die Dateinamen werden entsprechend den Optionen generiert.

Die Abarbeitung von Jobs erfolgt generell alphabetisch nach den Dateinamen, so wie sie im Dateiverzeichnis abgelegt sind. Entsprechend wird durch eine alphanumerische Verschlüsselung der Dateinamen die Reihenfolge festgelegt. Folgende Jobklassen werden benutzt:

- **Klasse a**

  In diese Klasse werden Jobs eingefügt, bei denen `-f` als Option im nq-Kommando angegeben wurde. Diese Aufträge haben Vorrang vor anderen Jobs bei der Auftragsverteilung. Bereits laufende Aufträge werden nicht abgebrochen. In dieser Klasse werden insbesondere Previews berechnet. Diese dienen zur visuellen Kontrolle der Qualität eines Entwurfs, besonders der Bewegung, ohne die zeitaufwendige Bilderzeugung voll durchzuführen. Previewing besteht darin, eine strahlverfolgte Sequenz von Bildern geringer Auflösung, typischerweise 128×128 Pixel, zu generieren und sie auf Bitmap-Qualität zu reduzieren. Hierfür stehen verschiedene Programme zur Farbreduktion und zum Dithern zur Verfügung. Die Einzelbilder werden aus dem Hauptspeicher des Arbeitsplatzrechners mit einer Frequenz von 12 Bildern pro Sekunde auf ein Bitmap-Display geschrieben. So konnten Preview-Sequenzen aus ungefähr 100 Bildern in einer Stunde berechnet werden.

- **Klasse b**

  In dieser Klasse befinden sich die normalen Jobs für Bilder und Bildsequenzen.

- Klasse h

  In dieser Klasse befinden sich Aufträge, die so viel Hauptspeicherbedarf haben, daß sie auf Maschinen mit geringem Hauptspeicherausbau zuviel Swapping verursachen. Daher werden Aufträge in dieser Klasse nur auf Maschinen mit viel Hauptspeicher gerechnet. Das wird durch die Option -8 im nq-Kommando erreicht. Bei der Berechnung von *"Occursus Cum Novo"* wurden solche Jobs auf Maschinen mit 8 MByte Hauptspeicherausbau berechnet, wodurch die "8" erklärt ist.

Da es sinnvoll ist, vorher durch einen Testlauf sicherzustellen, ob die Aufträge auch fehlerfrei laufen, gibt es außerdem die Option -d. Wird diese Option angegeben, findet ein Testlauf statt. Es wird ein solcher Job so durchsimuliert, als ob er mit der Warteschlange gestartet worden wäre. Nach einiger Zeit bricht man diesen Job ab, und überprüft das Ergebnis. Dadurch vermeidet man fehlerhafte Aufträge in der Warteschlange.

2.2 Die Klienten

Auf jeder Klientenmaschine wird durch das Kommando netqd [-u <time>] [-r] [-8] [-w <wrkdir>] ein Daemon (Hintergrundprozeß) installiert. Er ist das Herzstück der Jobausführung. Der Start geschieht normalerweise zur Boot-Zeit. Neben der Steuerung der Berechnung fertigt der Daemon Protokolle über die verbrauchte Rechenzeit und die Verweildauer auf dem Rechner an.

Beim Starten des Daemons wird nach dem Einlesen der Optionen zunächst nachgeschaut, ob der von der Maschine zuletzt gerechnete Job ordnungsgemäß beendet worden ist. Dazu wird auf dem Directory hosts der Status gelesen, den die Maschine zuletzt hatte. Falls dort verzeichnet ist, daß noch ein Auftrag gerechnet wird, ist ein unnormaler Abbruch erfolgt und der Auftrag, der in last unter dem entsprechenden Rechnernamen steht, wird in das Unterverzeichnis jobs zurückgeschrieben. Danach beginnt die normale Arbeit des Daemons. Dieser besteht aus zwei Schleifen, die ineinander verschachtelt sind. Die eine läuft, wenn der Rechner nicht zur Berechnung von Bildern bereit ist (idle-Prädikat trifft nicht zu), einen neuen Auftrag aufnehmen soll oder gerade kein Auftrag zu vergeben ist. Zunächst wird in einem Abstand von fünf Minuten nachgeprüft, ob das idle-Prädikat zutrifft. Ist dies der Fall, wird versucht, einen Auftrag anzunehmen, ansonsten wird nach fünf Minuten ein neuer Versuch gestartet. Im Erfolgsfall wird ein Auftrag angenommen, der Auftrag als Unterprozess abgespalten und in einer weiteren Schleife alle zehn Sekunden nachgeprüft, ob die Maschine immer noch verfügbar ist. Falls ein Ereignis eintrifft, das einen Abbruch der Bildberechnung erfordert, wird an den Unterprozess ein entsprechendes Abbruchsignal geschickt. Außerdem wird der Auftrag wieder in die Schlange der rechenbereiten Prozesse eingereiht (Verzeichnis jobs). In diesem Rhythmus wird auch der Status des abgespaltenen Jobs überprüft und es werden gegebenenfalls Bereinigungsmaßnahmen getroffen.

Jede Aktivität, die eine Veränderung des Auftragsstatus bewirkt, verursacht auch eine Änderung auf dem Steuerdateiverzeichnis des Network-Queue-Steuerrechners. Diese Veränderungen werden direkt von dem Rechner via NFS durchgeführt, der die Statusveränderung bewirkt. Durch Abfragen des Erfolgs einer mv-Operation von einem Statusdirektory auf ein anderes geschieht die Synchronisation. Ist eine solche Operation ohne Erfolg, haben zwei Rechner gleichzeitig zugegriffen und es wird versucht, nach einer kurzen Wartezeit einen neuen Auftrag entgegenzunehmen.

What	Σ
Jobs	6454
Aufträge	9544
unterbrochene Jobs	3090
Previews	3137
Einzelbilder	3317
CPU-Stunden	23307
CPU-Monate	≈ 32
Anzahl verwendeter Maschinen	$22 - 34$

Abbildung 3. Statistik der Berechnung im Netzwerk

Durch die Parameter des `netq`-Kommandos kann das Verhalten des Daemons als auch die Konfiguration der Maschinen beeinflußt werden. Die Option `-u` dient zur Einstellung der Wartezeit nach der letzten Benutzereingabe, bevor die Berechnungen wieder einsetzen. Durch die Angabe `-u 0` wird die Unterbrechung einer Berechnung bei einer Benutzereingabe unterdrückt. Die Option `-r` gibt an, daß es sich um eine Remotemaschine handelt. Das bedeutet, daß sich das Arbeitsdateiverzeichnis normalerweise nicht auf der Maschine befindet und vor der Berechnung erst gemountet werden muß. Das ist bei Maschinen anzuwenden, bei denen außerhalb des Berechnungsvorgangs kein Speicherplatz durch die Network-Queue in Anspruch genommen werden kann. Dort befindet sich ein Dateiverzeichnis `/mnt/netq`, in das das Arbeitsdateiverzeinis bei Aufnahme der Berechnung gemountet wird. Über dieses Dateiverzeichnis erfolgt die Kommunikation mit dem Server, der die Aufträge bereithält. Ansonsten arbeitet die Wartschlange direkt auf dem Arbeitsdateiverzeichnis, das durch die Option `-w` näher spezifiziert werden kann. Schließlich kann mit der Option `-8` angegeben werden, daß die Maschine in der Lage ist, auch speicherplatzintensive Aufträge anzunehmen.

3. Occursus cum Novo

"Occursus Cum Novo" besteht aus 7550 Einzelbildern. Nur ungefähr 4000 davon wurden durch Verwenden von Standbildern und zyklischen Wiederholungen tatsächlich berechnet. Die Bilder wurden mit einer Auflösung von 576×768 berechnet, was zu einem Datenvolumen von 9 Gigabytes führte. Durch Unix-compress wurden die Daten auf 2.2 Gigabytes reduziert, wobei die Mehrzahl der Bilder einen Kompressionsfaktor von 25% hatten. Abb. 3 gibt eine Übersicht über die Berechnung. Die CPU-Zeit für die Bilderzeugung auf 68020-basierten Maschinen betrug fast drei Jahre. Sie wurden vom Netzwerk in etwas weniger als drei Monaten realer Zeit geliefert. Im Mittel wurden etwa 90 % der Rechenleistung für *"Occursus Cum Novo"* verwendet. Das ist dadurch begründet, daß die Rechner durch die anderen Benutzer weitgehend interaktiv und nicht für rechenintensive Hintergrundjobs verwendet wurden.

Die mittlere Datenproduktion lag bei etwa 70 MBytes pro Tag. Im Mittel wurde jeder zweite Job unterbrochen, was die unterbrechbare Bilderzeugung zwingend macht. Etwa 70 Jobs, d.h. 1%, wurden als "bad" erkannt und konnten in diesem Unterverzeichnis gefunden werden. Etwa 15% davon wurden durch Fehler in VERA hervorgerufen. Die anderen kamen von Benutzern, die ihre Maschine abschalteten und von Übertragungssproblemen auf einer neu installierten Glasfaserstrecke.

Die Network-Queue ist vollständig automatisiert. Die einzigen direkten Eingriffe sind das Überspielen der Bilder auf Magnetband und die Fehlerbehandlung der Jobs im Verzeichnis bad. Die Magnetbänder waren an Wochenenden ein Problem. Es passierte, daß die Berechnungen abgebrochen wurden, da das Dateisystem voll war.

4. Simulatives Modellieren

Simulatives Modellieren verlagert die Arbeit vom menschlichen Designer zur Maschine. Solche Simulationen können ebenfalls sehr zeitaufwendig sein, wenn beispielsweise Kollisionsvermeidungs- oder Kollisionsberechnungsalgorithmen eingesetzt werden.

Ein simulatives Modelliersystem ist ein Programm, das Szenendateien aus einem internen Modell generiert, das durch Parameter gesteuert werden kann. Der Vorteil der generierenden Simulatoren ist deren Fähigkeit, eindrucksvolle Szenen aus sehr wenigen Eingabeparametern zu generieren. Simulation ist ein zentrales Hilfsmittel in Wissenschaft und Technik. Es ist naheliegend, Modelle aus diesen Gebieten für Computeranimationszwecke zu übernehmen. Die SIGGRAPH-Konferenzen der vergangenen Jahre dokumentieren diesen Trend.

Auch in *"Occursus Cum Novo"* wurden simulative Modelliersysteme eingesetzt (Abb. 4). Das Programm WAXI generiert komplexe Szenen, z.B. Bäume, durch einen rekursiv arbeitenden Konstruktionsmechanismus. Die Eingabe besteht aus Segmenten. Ein Segment besitzt einen Fußpunkt und einige Wachstumspunkte. Fußpunkt und Wachstumspunkte werden durch lokale Koordinatensysteme spezifiziert, die den Ort und die Richtung des Wachsens steuern. Für jeden Wachstumspunkt ist ein anzusetzendes Segment spezifiziert. Die wesentliche Wachstumsstrategie ist, beginnend mit dem Wurzelsegment sukzessive Segmente an die Wachstumspunkte anzufügen, so daß die Wachstumsrichtung und die Fußpunktrichtung übereinanderliegen, die durch die lokalen Koordinatensysteme gegeben sind. Neben exaktem Ausrichten sind zufällige Abweichungen und Abweichungen, die durch "magnetische Pole" induziert werden, möglich. Magnetische Pole sind durch Punkte spezifiziert, die in der Szene oder auch an Segmenten liegen. Die Größe der berechneten Szene kann durch die Anzahl der auszuführenden Iterationen oder durch Begrenzungsvolumen beschränkt werden, die den Raum geometrisch einschränken, in dem das Objekt wachsen darf.

Intern wird ein Eigenschaftsrecord für jedes Segment gespeichert, der den Wachstumsprozeß steuert. Typische Eigenschaften sind der Name, der Fußpunkt, die Anzahl der Wachstumspunkte, die Wachstumspunkte, die geometrische Repräsentation, das Alter, die aktuelle Größe, die Sichtbarkeit und die magnetische Attraktivität. Die Sichtbarkeit hilft, für den Wachstumsprozeß nützliche Segmente einzuführen, die aber im Bild nicht zu sehen sind. An den Wachstumspunkten wird die Orientierung des angefügten Segments, der Typ der Wahrscheinlichkeitsverteilung (uniform, Poisson, normal) und der Skalierungsfaktor des angefügten Segments gespeichert.

Ähnliche Generatoren mit besonderem Schwerpunkt auf Bäumen sind in der Literatur bekannt (Aono, Kunii, 1984, Smith, 1984).

Das Programm METAMORPHOSIS simuliert die Bewegung einer Menge von geometrischen Elementen. Die von METAMORPHOSIS erzeugte Ausgabe ist eine Folge von Szenen im VERA-Format, die den Einzelbildern der Animation entsprechen. Jedes geometrische Element von METAMORPHOSIS hat eine individuelle Geburts- und Sterbezeit. Während seines Lebens wechselt es seinen Zustand nach den Gesetzen des Weltmodells. Das METAMORPHPOSIS-Programm iteriert über eine dynamischen Datenstruktur M, die den momentanen Zustand der Elemente beschreibt. In jedem Iterationsschritt werden zunächst möglicherweise neue Elemente generiert und in M eingefügt. Es folgt die Änderung der Zustände der Elemente in M entsprechend den Modellierungsregeln sowie die Ausgabe dieses Zustand als VERA-Datei zur Bilderzeugung. Am Ende des Iterationsschritts werden die Elemente aus M entfernt, deren Lebenszeit beendet ist.

Der Zustand eines geometrischen Elements ist durch Parameter wie seine Lage im Raum, seine Bewegungsrichtung, seine Geschwindigkeit, seine Beschleunigung, seine Masse und sein Verhalten bei Kollision (transparent, reflektierend, absorbierend) beschrieben. Ein Parameter, die Sichtbarkeit, erlaubt Elemente unsichtbar zu machen. Unsichtbare Elemente können zur Einschränkung des Bewegungsraums verwendet werden. Es gibt eine Grundmenge von Gesetzen, die einfache physikalische Eigenschaften, z.B. die Gravitation, modellieren, die auf diesen Parametern operieren. METAMORPHOSIS kann durch benutzergeschriebene Prozeduren beliebig erweitert werden. Komplexe Zustandsübergänge werden durch eine Kombination der Gesetze beschrieben.

Beispiele für Anwendungen von METAMORPHOSIS in *"Occursus Cum Novo"* sind Strahlen, die Schachfiguren beschießen, die Verwandlung einer Statue in eine explodierende Kugelwolke und umgekehrt sowie ein in Kugeln zerfallender Wurm (Abb. 4). Besonders hilfreich sind die verschiedenen Sichtbarkeitskonzepte bei Kollisionen. So kann der Beobachter vor fliegenden Strahlen und Kugeln geschützt werden, indem unsichtbare reflektierende oder absorbierende Elemente eingeführt werden.

METAMORPHOSIS ist eine Datenstruktur, die durch einen Updating-Prozess manipuliert wird. Eine völlig andere Struktur eines Bewegungssimulators ist die von kommunizierenden Prozessen. Jeder Prozeß könnte einem Element entsprechen und Elemente tauschen Nachrichten zur gegenseitigen Beeinflussung aus. Verschiedene Programmierkonzepte, z.B. objektorientiertes Programmieren in Smalltalk (Goldberg, 1984), Actor-Systeme (Hewitt, 1977), und Prozesse in ADA unterstützen dieses Konzept. Ein Vorteil dieses Ansatzes ist, daß Simulationsaufgaben unmittelbar ohne komplexe Abstraktion zu spezifizieren sind. Der zweite Vorteil ist, daß Prozesse auf mehrere Prozessoren abgebildet werden können, so wie es auch bei der Bilderzeugung gemacht wurde. Während allerdings die Abbildung bei der Bilderzeugung trivial war, d.h. vollständig unabhängige Jobs desselben Typs auf verschiedenen Szenen, ist der Parallelismus von Simulationen über die Zeit beschränkt. Die Zuweisung von Prozessen zu Prozessoren muß vorsichtig erfolgen. Die direkte Lösung braucht nicht die beste zu sein. Das Auffinden allgemeiner Lösungen ist eine interessante Zukunftsaufgabe, insbesondere da Maschinenkonzepte von sehr unterschiedlichen Granularitäten und deren Realisierungen inzwischen verfügbar sind. Neben Netzwerken aus Einzelrechnern reichen diese von Transputern (INMOS, 1985) (einige zehn bis einige hundert "große" Prozessoren) bis zur Connection Machine (einige zehntausend bis einige hunderttausend "kleine" Prozessoren, vgl. Hillis, 1985). Kaudel (1987) gibt eine Übersicht zur verteilten diskreten Ereignissimultion. Das ist der Typ Simulation, der hier von Interesse ist. Ein weiterer interessanter Aspekt ist die Integration der Bilderzeugung und des simulativen Modellierens, um große Szenendateien zu vermeiden. Eine Fallstudie für eine sequentielle Umgebung wird von Magnenat-Thalmann, Thalmann (1987) beschrieben.

5. Zusammenfassung

Das *"Occursus Cum Novo"* -Projekt hat gezeigt, daß Computeranimation mit dem Strahlverfolgungsverfahren mit einem Aufwand machbar ist, der in absehbarer Zeit auch an den kommerziellen Einsatz denken läßt. Die Projektdauer war weniger als ein Jahr. Wesentlich für den Erfolg war die Bilderzeugungssoftware VERA und ein Arbeitsplatzrechnernetz, das im wesentlichen zum interaktiven Arbeiten benutzt wurde, wodurch viel Leerzeit für Number-Crunching-Aufgaben zur Verfügung stand.

Arbeitsplatzrechnernetze sind kostengünstige Alternativen zu Supercomputern und auch Mini-Supercomputern, zumindest im Bereich der Bilderzeugung. Für das ebenfalls angesprochene simulative Modellieren könnte das abhängig vom Problem anders sein. Die UNIX-basierte Vorgehensweise hat auch gezeigt, wie man einen Supercomputer ohne große Hard- und Softwareentwicklung bauen kann, nämlich durch Zusammenbauen der Boards der Arbeitsplatzrechner in einem Gehäuse und deren Verbindung durch ein Ethernet-Kabel. So kann eine relativ billige Maschine aufgebaut werden, deren Rechenleistung mit vielen spezialisierten Strahlverfolgungsmaschinen in der Literatur vergleichbar ist.

Literatur

Aono, M., Kunii, T.L. (1984) Botanical Tree Image Generation, IEEE Computer Graphics & Appl., 10

Delanay, H.C. (1987) Ray Tracing Algorithms on the Connection Machine, Computer Graphics Workshop, USENIX Association, P.O. Box 2299, Berkley, CA 94710, U.S.A.

Fujimoto, A., T. Tasnaka, K. Iwata (1986) ARTS: Accelerated Ray Tracing System, IEEE Computer Graphics & Appl., April 1986, 12-25

Glassner, A.S. (1986) Space Subdivision for Fast Raytracing, IEEE Computer Graphics & Appl., October 1986, 15-22

A. Goldberg, A. (1984) Smalltalk-80, Addision Wesley, Reading, Mass.

Hewitt, C., R. Atkinson (1977) Parallelism and Synchronisation in Actor Systems, Proc. ACM Symp. on Principles in Programming Languages

Hillis, D. (1985) The Connection Machine, ACM Distinguished Dissertations

INMOS (1985) INMOS Ltd., Bristol, Great Britain

Kaudel F.J. (1985) A literature survey on distributed event simulation, Simuletter 18, 11-21

Magnenat-Thalmann, N., D. Thalmann (1985) Computer Animation: Theory and Practice, Springer-Verlag, Berlin

Magnenat-Thalmann, N., D. Thalmann (1987) Procedural Animation Blocks in Discrete Simulation, Simulation 49, 102-108

Müller, H. (1988) Realistische Computergrafik - Algorithmen, Datenstrukturen und Maschinen, Informatik-Fachberichte 163, Springer-Verlag

Muuss, M.J. (1987) RT&REMRT: Shared Memory Parallel and Network Distributed Ray-tracing Programs, Proceedings Fourth Computer Graphics Workshop, USENIX Association, P.O. Box 2299, Berkley, CA 94710, U.S.A.

NFS (1986) Network File System Protocol Specification, Revision B, Sun Micro Systems, February 1986

Peterson, J.W. (1987) Distributed Computation for Computer Animation, Proceedings Fourth Computer Graphics Workshop, USENIX Association, P.O. Box 2299, Berkley, CA 94710, U.S.A.

Reeves, W.T., R. Blau (1985) Approximate and Probabilistic algorithms for shading and rendering structured particle systems, CG 19, 313-322

Schmitt, A., H. Müller, W. Leister (1988) Ray Tracing Algorithms - Theory and Practice. In: NATO ASI Series: Theoretical Fundamentals of Computer Graphics, Springer-Verlag

Smith, A.R. (1984) Plants, Fractals, and Formal Languages, Computer Graphics 18, 1

Point Evaluation of Multi-Variable Random Fractals

Dietmar Saupe
Institut für Dynamische Systeme
Fachbereich Mathematik
Universität Bremen
2800 Bremen-33

Abstract

We present a method to compute a random fractal function in 1,2,3 or more variables. It blends techniques from the Mandelbrot-Weierstrass function and Perlin's turbulence function (used for texturing). With this approach we may prescribe fractal dimension and lacunarity as parameters, which are even allowed to vary as in a continuous function. Further the method provides pointwise evaluation of the functions as opposed to displacement techniques which require global computation, and in many cases it is superior to other methods in speed. As an illustrative example a fractal planet with continents of differing fractal dimensions is given.

Eine Methode zur Berechnung stochastischer fraktaler Funktionen in 1,2,3 oder mehr Variablen wird vorgestellt. Dazu werden bekannte Techniken der Mandelbrot-Weierstrass-Funktion und der Turbulenz-Funktion von Perlin (die für Texturen entwickelt wurde) kombiniert. Durch diesen Ansatz gelingt es, fraktale Dimension und Lakunarität als Parameter der Methode einzuführen. Diese können sogar wie stetige Funktionen variieren. Der Algorithmus kann die generierte Funktion punktweise auswerten, ohne daß das Fraktal schon global berechnet ist, wie es bei den Displacement-Methoden notwendig ist. In Anwendungen ist die vorgestellte Methode häufig effizienter als andere Verfahren. Als illustratives Beispiel für die Methode wird ein fraktaler Planet mit Kontinenten unterschiedlicher fraktaler Dimension gezeigt.

1 Introduction

Random fractals as introduced by B. Mandelbrot in *The Fractal Geometry of Nature* [4] have enjoyed a wide popularity in the computer graphics community. A number of algorithms for their generation have been proposed, see e. g. [1,2,5,9,10]. Let us first recall some definitions. A random fractal is a multi-variable random function $V(x)$, $x = (x_1, ..., x_n)$ such that

- The increments $V(y) - V(x)$ are Gaussian with mean zero.

- The variance of the increments $V(y) - V(x)$ depends only on the Euclidean distance $||y - x||$. For a number $0 < H < 1$ we have

$$E(|V(y) - V(x)|^2) \propto ||y - x||^{2H}$$

  where E denotes expectation.

The function V has stationary increments and is isotropic, i. e. all points and all directions are statistically equivalent. In the frequency domain we have that the spectral density falls off as $1/f^{2H+n}$. The fractal (box counting) dimension of the graph of V is $D = n + 1 - H$.

Random fractals can be regarded as models for a large number of natural phenomena, the most prominent ones being landscapes. Here $V = V(x, y)$ is a function of two variables and interpreted as height at position (x, y). A function $V = V(x, y, z)$ of three variables may specify e. g. water vapor density in a volume giving models of clouds.

A technique very much related to random fractals has been introduced by Perlin in 1985 [8]. In his framework he considers random functions of three variables as models of *solid texture*. The functions are generated procedurally and the approach has been termed *functional-based modelling*.

In this note we suggest to blend Perlin's techniques with some stemming from random fractals, in particular the Mandelbrot-Weierstrass function. As a result we obtain a simple and fast method which has some striking advantages over previously known algorithms for the generation of random fractals:

- The fractal dimension may be specified. We can even let the dimension D be a function $D = D(x_1, ..., x_n)$ varying in space.

- Lacunarity may also be specified globally or as a function.

- Although a random fractal function at a given point generally depends on its values at all other points the calculation is a point evaluation and no explicit references to other points are necessary. Therefore the order of the computation does not matter which is important for implementations on parallel processors.

- The method is relatively simple to implement and still offers a significant increase in speed for many cases of interest.

This paper is organized as follows. In the second section we describe the approach of Perlin for random fractal functions. In the next section we introduce two parameters to the method, which govern the fractal dimension and the lacunarity. This is motivated by the Mandelbrot-Weierstrass function. In sections 4 and 5 we make some implementation notes and compare methods with respect to computational cost. As an illustrative example we derive a fractal planet with continents of differing fractal dimensions.

2 A first multidimensional noise function

The goal of the construction is a random function $V_3(x, y, z)$ of three variables, which takes real values. All points (x, y, z) and all directions should be statistically equivalent. Moreover, in the frequency domain the spectral density function is of the form $1/f^\beta$, where f denotes the combined spatial frequencies in the x-, y- and z-direction, i. e. $f = \sqrt{f_x^2 + f_y^2 + f_z^2}$.

Let us begin with a one-dimensional model $V_1(x)$. First an auxiliary function $S_1(x)$ is defined at integer points $k \in \mathbf{Z}$: The value $S_1(k)$ is taken as a sample of a random variable with mean zero (e. g. a Gaussian random variable). Then a differentiable, interpolating function $S_1(x)$ is constructed from the data. Here one can choose piecewise cubic Hermite interpolation with the additional constraints $S_1'(k) = 0$ for integers k (see [6] and below). Other choices are possible, of course. in [8] the auxiliary function S_1 is called "noise" . But S_1 contains primarily low frequencies, and therefore should not conceived as $1/f$-noise. However, as we sum up scaled-down copies of S_1 we obtain a $1/f$-noise. More precisely, the one-dimensional noise function is defined as

$$V_1(x) = \sum_{k=0}^{\infty} \frac{1}{2^k} S_1(2^k x).\qquad(1)$$

This is very similar to the original *turbulence* function used in [8] i. e. $\sum_{k=0}^{\infty} 2^{-k}|S_1(2^k x)|$. As k grows, the contributions to the sum rapidly get small, thus, in practice the summation is carried out only over a few terms. Due to the construction of $S_1(x)$ as interpolated random data at integer sites we expect $S_1(x)$ to exhibit a power spectrum which has only little contributions at frequencies above 1. The power spectrum of $V_1(x)$ can be derived from the spectrum of $S_1(x)$ and we expect a $1/f^\beta$ power law. In fact, the exponent β turns out to be equal to 3 (see figure 2 and next section). Thus, $V_1(x)$ is not a model for Brownian motion as claimed in [8] since Brownian motion obeys a $1/f^2$ power law [10] (the squared amplitudes fall off as $1/f^2$).

The generalization to two, three or more dimensions is straightforward. E. g. in the 2-dimensional case we define an auxiliary function $S_2(x, y)$ first at integer lattice points (k, l) again by sampling a random variable. Secondly, the data is interpolated by a smooth function. The noise function becomes

$$V_2(x, y) = \sum_{k=0}^{\infty} \frac{1}{2^k} S_2(2^k x, 2^k y).\qquad(2)$$

Clearly, $V_2(x, y)$ is a continuous function of x and y. However, we point out that not all directions in the xy-plane are equivalent. On the x- and y-axis one random data enters per unit interval, whereas e. g. on the diagonal, the distance between random data points is $\sqrt{2}$.

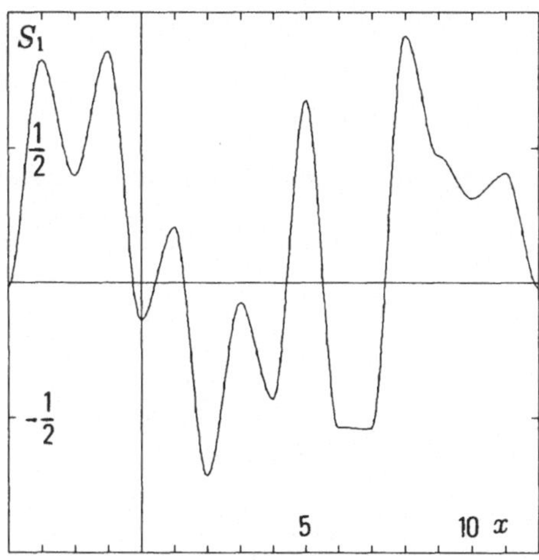
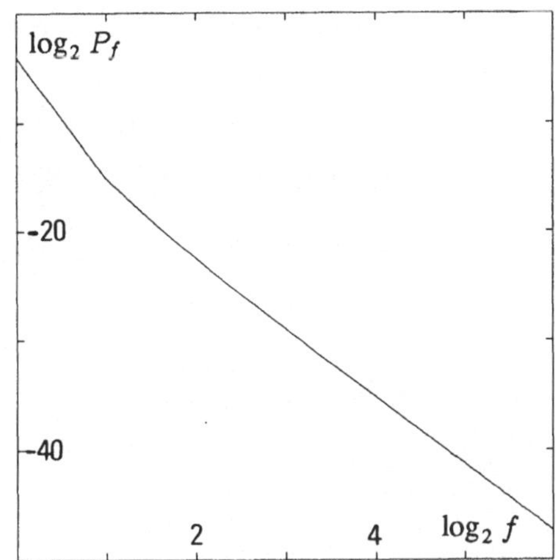

Figure 1.   A sample of an auxiliary function $S_1(x)$ (left) and its spectral density (right) on a doubly logarithmic (base 2) scale. The spectral density plot is obtained from averaging squared amplitudes of several periodograms of samples of $S_1(x)$. Since $S_1(x)$ is two times continuously differentiable with a piecewise continuous third derivative, we expect that the amplitudes fall off as $1/f^3$. The spectral density function should obey a $1/f^6$ power law. In fact, the slope of the graph is about -6.

This necessarily shrinks the width of the power spectral density of $S_2(x,y)$: The power spectrum of $V_2(x,y)$ decays by a factor of about $\sqrt{2}$ faster along the diagonal. In all of our experiments this lack of purity has not been visually noticeable.

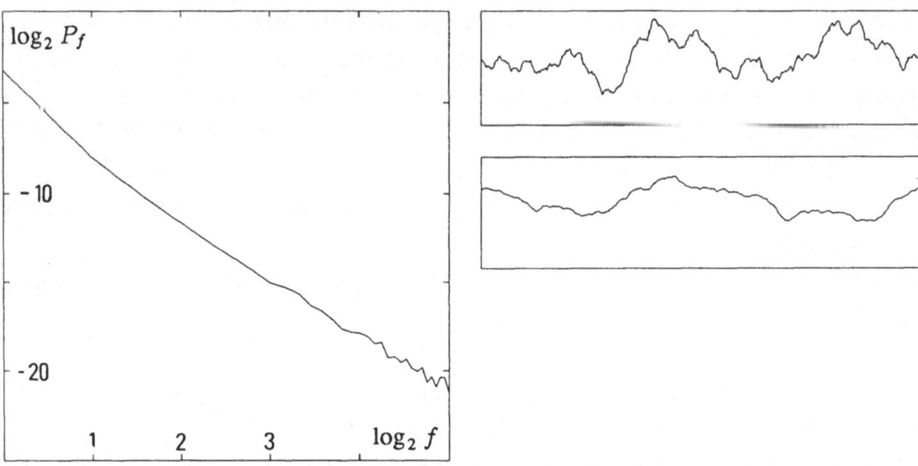

Figure 2.   Power spectrum of V_1 on a base 2 logarithmic scale (left) and a sample of $V_1(x)$ (top right) where x varies over 10 units. The bottom graph shows a detail (the first tenth) of the above graph. Note that the slope of the power spectrum is about -3 corresponding to a $1/f^3$ power law.

In the 3-dimensional case, which is the most interesting case in applications we thus define the noise function $V_3(x,y,z)$

$$V_3(x,y,z) = \sum_{k=0}^{\infty} \frac{1}{2^k} S_3(2^k x, 2^k y, 2^k z). \tag{3}$$

The interpolation suggested in [6,8] is as follows : Consider a point (x, y, z) in 3-space. Let us write

$$x = i_x + d_x, \quad y = i_y + d_y, \quad z = i_z + d_z$$

where i_x, i_y, i_z are integers and d_x, d_y, d_z are nonnegative fractions less than 1. Then set

$$s_x = d_x^2(3 - 2 d_x), \quad s_y = d_y^2(3 - 2 d_y), \quad s_z = d_z^2(3 - 2 d_z)$$

and define

$$
\begin{aligned}
S_3(x,y,z) \;=\; & s_x s_y s_z \, S_3(i_x + 1, i_y + 1, i_z + 1) \\
& + (1 - s_x) s_y s_z \, S_3(i_x, i_y + 1, i_z + 1) \\
& + s_x(1 - s_y) s_z \, S_3(i_x + 1, i_y, i_z + 1) \\
& + (1 - s_x)(1 - s_y) s_z \, S_3(i_x, i_y, i_z + 1) \\
& + s_x s_y(1 - s_z) \, S_3(i_x + 1, i_y + 1, i_z) \\
& + (1 - s_x) s_y(1 - s_z) \, S_3(i_x, i_y + 1, i_z) \\
& + s_x(1 - s_y)(1 - s_z) \, S_3(i_x + 1, i_y, i_z) \\
& + (1 - s_x)(1 - s_y)(1 - s_z) \, S_3(i_x, i_y, i_z)
\end{aligned}
\tag{4}
$$

This piecewise cubic interpolation yields continuously differentiable real function in $\mathbf{R}^3$.

3 Fractal dimension and lacunarity

The *turbulence* function in [8] and also the noise function of the preceding section does not have any parameters. It is desirable, however, to control the power spectrum of the noise in order to be able to choose the fractal dimension and the lacunarity of the generated noise. These two parameters can best be described in the spectral domain as in figure 3. Let us consider the one-dimensional case first. If the spectral density falls off as $1/f^{2H+1}$ with $0 \le H \le 1$, then the fractal dimension of the graph of the random fractal is $D = 2 - H$ (see [10]). Lacunarity adds a certain texture to the noise function without changing the fractal dimension, see [10].

One method to create a random function with given fractal dimension and lacunarity is by the Mandelbrot-Weierstrass function ([10])

$$V_{MV}(x) = \sum_{k=-\infty}^{\infty} \frac{A_k}{r^{kH}} \sin(2 \pi r^k x + \phi_k) \tag{5}$$

where A_k is a Gaussian random variable with the same expectation and variance for all k. ϕ_k is a uniformly distributed random variable with values in the interval $[0, 2\pi]$ and r is a scaling factor larger than 1. As k grows, terms of higher frequencies but lower amplitudes are added to the sum. Following the discussion in [10] we have contributions of discrete frequencies $f_k = r^k$ and of mean square amplitude proportional to $1/r^{2kH}$. Thus, the power spectral density, computed as the mean square amplitudes divided by the bandwidth, is proportional to $1/f_k r^{2kH}$ which is equal to $1/f_k^{2H+1}$. Thus, the fractal dimension of the graph of $V_{MV}(x)$ is $2 - H$.

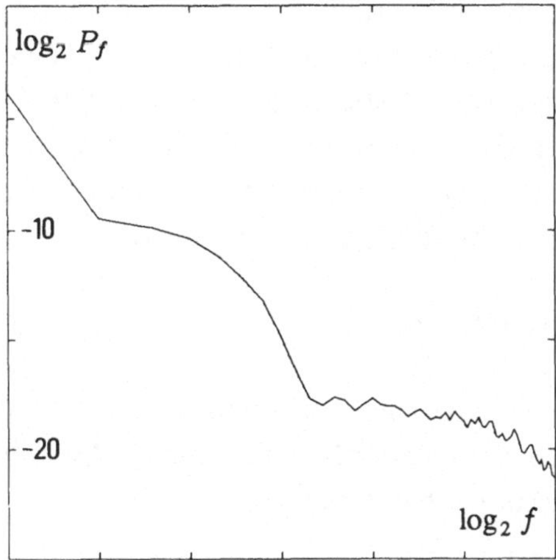
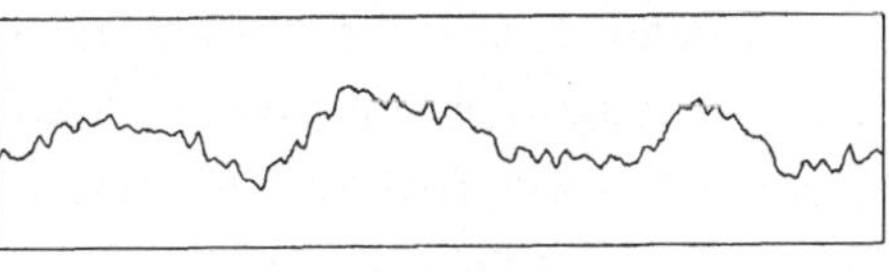

Figure 3.   Power spectrum (left) for $1/f$-noise with lacunarity (right). The absolute value of the overall slope is equal to the exponent in the $1/f^\beta$ power law of the generated noise. The lacunarity is indicated as oscillating amplitude of the power spectrum. This plot has been obtained for $V_1(x)$ of equation (6) with $r = 10$ and $H = 0.5$.

Comparing the Mandelbrot-Weierstrass function with the sum $\sum_{k=0}^{\infty} 2^{-k} S_1(2^k x)$ we see similarities and differences. In both approaches, auxiliary functions with increasing frequencies and decreasing amplitude are summed up. The differences are as follows :

- The sine function used in $V_{MV}(x)$ has a point spectrum (all power at frequency 1), whereas the other function $S_1(x)$ has its power distributed over a finite bandwidth.

- The randomization in $V_{MV}(x)$ is by means of the random amplitude and phase. On the other hand $S_1(x)$ already contains randomness by construction.

- In $V_{MV}(x)$ the rate at which the contributing frequencies fall off is controlled by $r > 1$. The larger the parameter r, the greater is the resulting lacunarity of the fractal. The corresponding factor in Perlin's formula is fixed at $r = 2$.

- Also the decay rate of the amplitudes of the terms in the summation are different. In $V_{MV}(x)$ it is $1/r^{kH}$, $0 \leq H \leq 1$ versus $1/r^k$ (with $r = 2$) in $V_1(x)$. The parameter H controls the fractal dimension of the graph of $V_{MV}(x)$.

- At last we note that the summation in $V_{MV}(x)$ is carried out from $-\infty$ to ∞. The extra small frequencies are added to ensure statistical selfsimilarity not only at small scales but also at all arbitrarily large scales. Thus, when we sum only from 0 to ∞ we must be careful in that we only apply the model to objects which are of size of order 1 or smaller.

Motivated by $V_{MV}(x)$ we introduce corresponding parameters governing fractal dimension and lacunarity of $V_1(x)$. We redefine

$$V_1(x) = \sum_{k=-\infty}^{\infty} \frac{1}{r^{kH}} S_1(r^k x) \tag{6}$$

where $r > 1$ determines lacunarity and $H > 0$ controls the fractal dimension D of the graph of $V_1(x)$. Although the situation is somewhat different from the Mandelbrot-Weierstrass function — the power spectrum of $S_1(x)$ is not a point spectrum — a theoretical result verifies $D = 2 - H$ again. This has recently been shown by Kaplan, Mallet-Paret and Yorke [3]. In fact, for a large class of functions $S_1(x)$ the fractal dimension of the graph of $V_1(x)$ is equal to $2 - H$ independently of $r > 1$. E. g. all finite trigonometric sums

$$\frac{a_0}{2} + \sum_{k=1}^{m} a_k \cos kt + b_k \sin kt$$

are included. In actual applications as shown in section 4 one works with a periodic function $S_1(x)$ with a large period, say 50 or 100, which can be closely approximated by a Fourier sum of the above form. Therefore it is safe to assume, that here we also have

$$D = 2 - H$$

as the fractal dimension of the graph of $V_1(x)$, independently of $r > 1$. In the one-dimensional example of last section we have the special case of (6) with $r = 2$ and $H = 1$. Therefore a $1/f^3$ power law holds and the graph of $V_1(x)$ has a dimension $D = 1$, i. e. it is a borderline fractal.

Let us employ numerical techniques to check the relationship between H and D as follows. We can compute the fractal dimension of the graph of a sample of $V_1(x)$ from the length of the graph measured on different scales. More precisely, let the length of the graph of $V_1(x)$, $0 < x < 1$ measured on the scale $\Delta x > 0$ be given as

$$L(\Delta x) = \sum_{k=0}^{1/\Delta x - 1} |V_1((k+1)\Delta x) - V_1(k\Delta x)|.$$

Then (see [10])

$$L(\Delta x) \propto \frac{1}{\Delta x^{D-1}}$$

and with $L_k = L(2^{-k})$ we get

$$D = \lim_{k \to \infty} \left(1 + \frac{\log L_k/L_{k-1}}{\log 2} \right).$$

With this approach we empirically determine table 1. As expected, the result confirms the formula $D = 2 - H$.

Let us summarize the result for random fractal evaluation in multiple dimensions as follows :

Rescale-and-add method : *Let $S_n : \mathbf{R}^n \to \mathbf{R}$ be a real function that has values at integer lattice points of $\mathbf{R}^n$ defined by Gaussian random variables of zero mean and the same variance at all points. Further let $S_n(x_1, ..., x_n)$ be a smooth interpolation from the data at the integer lattice points. Then the function $V_n : \mathbf{R}^n \to \mathbf{R}$ defined by*

$$V_n(x) = \sum_{k=k_0}^{\infty} \frac{1}{r^{kH}} S_n(r^k x) \tag{7}$$

| | $H = 0.2$ | | | | | |
| | $r = \sqrt{2}$ | | $r = 2$ | | $r = 4$ | |
k	L_k	D_k	L_k	D_k	L_k	D_k
8	141.9	1.68	112.2	1.79	90.6	1.92
9	237.4	1.74	200.3	1.84	150.3	1.73
10	417.2	1.81	350.0	1.80	284.7	1.92
11	748.7	1.84	613.0	1.81	460.3	1.69
12	1309.3	1.81	1069.9	1.80	862.5	1.91
13	2275.9	1.80	1865.8	1.80	1390.8	1.69
	$H = 0.5$					
	$r = \sqrt{2}$		$r = 2$		$r = 4$	
k	L_k	D_k	L_k	D_k	L_k	D_k
8	23.6	1.40	19.5	1.45	14.8	1.76
9	33.1	1.49	27.7	1.51	17.8	1.26
10	46.6	1.49	39.6	1.52	30.5	1.78
11	66.6	1.51	56.1	1.50	36.5	1.26
12	93.7	1.49	79.6	1.50	61.2	1.74
13	133.5	1.51	113.4	1.51	72.7	1.25
	$H = 0.8$					
	$r = \sqrt{2}$		$r = 2$		$r = 4$	
k	L_k	D_k	L_k	D_k	L_k	D_k
8	6.2	1.17	4.7	1.21	3.3	1.44
9	7.2	1.20	5.3	1.18	3.5	1.07
10	8.2	1.20	6.3	1.25	4.4	1.35
11	9.4	1.20	7.2	1.20	4.7	1.08
12	10.8	1.20	8.3	1.21	6.0	1.34
13	12.5	1.20	9.6	1.21	6.3	1.08

Table 1 . Computation of fractal dimensions of graphs of $V_1(x)$ with varying parameters H and r. The columns D_k list the quantities $1 + \frac{\log L_k/L_{k-1}}{\log 2}$. The expected dimensions are 1.8, 1.5, 1.2 for $H = 0.2$, 0.5, 0.8 respectively. The values of the table meet these expectations except maybe for the case $r = 4$, where we obtain the right dimensions when we average two consecutive numbers D_k. Graphs of corresponding random fractal functions and power spectra for $r = \sqrt{2}, 4$ are shown in figure 4.

with $r > 1, 0 \leq H \leq 1$ and $k_0 \leq 0$ is a random function whose graph has a fractal dimension

$$D = n + 1 - H \tag{8}$$

and $r > 1$ determines lacunarity.

4 Implementation and comparison with other methods

The implementation of formula (7) is not hard. One of the two issues that must be considered is the range of the summation. The lower index k_0 should obviously be chosen small enough so that the largest scale L of the objects is not greater that r^{-k_0}, or, i. e.

$$r^{k_0} L \leq 1. \tag{9}$$

If k_0 is too big one sees the effect of the dominant frequencies (≈ 1) of the auxiliary function S_n. The cutoff at the other end of the summation is harder to define. If the random function

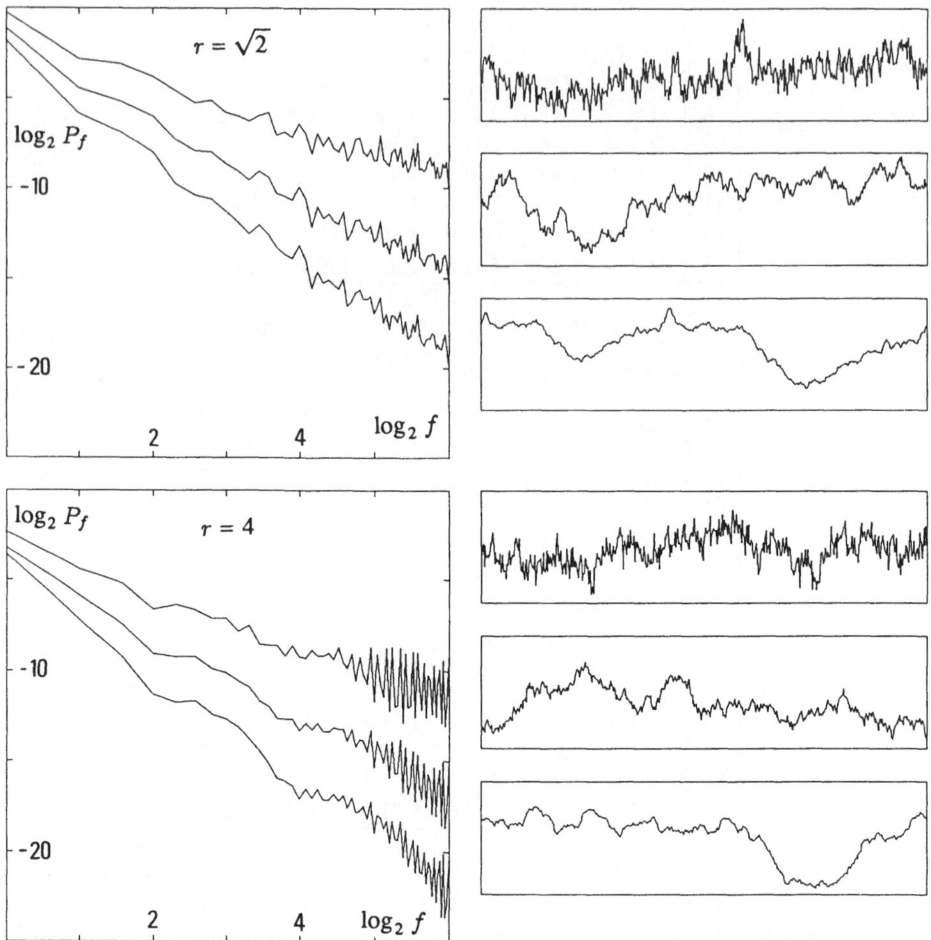

Figure 4.   Power spectra and noise samples for different parameters of the rescale-and-add method. The lacunarity parameter r in the top graphs is $r = \sqrt{2}$, in the bottom graphs $r = 4$. Curves for three values of H are shown: $H = 0.2$ (top), $H = 0.5$ (center) and $H = 0.8$ (bottom). The corresponding exponent β of the $1/f^\beta$ power law are $\beta = 1 + 2H$, i. e. $\beta = 1.4$ (top), $\beta = 2.0$ (center) and $\beta = 2.6$ (bottom). These are actually the approximate negative slopes of the empirically computed power spectra as shown. On the right corresponding random fractal functions (samples of $V_1(x)$) are given. The fractal dimensions are checked numerically in Table 1.

will be sampled at points which have a distance Δ from each other, then we must be aware of aliasing effects if the summation is carried out with terms exceeding the Nyquist limit, i. e. terms with $r^k > 2/\Delta$. This motivates a cutoff at

$$k \approx \frac{\log 2/\Delta}{\log r}.$$

(10)

The corresponding discussion of Peachey in [6] also applies here. However, if H is small, then the amplitudes of the clamped terms may still be very large and an aesthetically more pleasing picture may be obtained if the summation in (7) is continued for a few more terms than suggested by (10).

The other remaining problem is the production of the random numbers attached to the integer lattice points. The approach by Peachey [6] suggests to work with a table $T[k]$, $k = 1, ..., N - 1$ of a few (say 100) random numbers. A lattice point with integer coordinates (x, y, z) is assigned a value V of the table via

$$V(x, y, z) = T[\,|x + 3y + 5z|\ \mathrm{mod}\ N\,].$$

This method is not satisfactory because the results in planes $x + 3y + 5z = $ const will not be independent. In fact, the repetitive patterns are easily detected by the eye.

We suggest to invest in terms of storage space by letting T be a three-dimensional array

$$T[i, j, k], \ i, j, k = 0, ..., N - 1.$$

For given integers x, y, z we define integers i_x, i_y, i_z as in

$$i_x = \begin{cases} x \ \mathrm{mod}\ N & \text{if } x \geq 0 \\ x \ \mathrm{mod}\ N + N & \text{if } x < 0 \end{cases}$$

Then we let $V(x, y, z) = T[i_x, i_y, i_k]$.

An alternative method would be to procedurally define $V(x, y, z)$ for integers x, y, z. One may use the combined bits of x, y, z as a state or seed for one of the usual random number generators. $V(x, y, z)$ could then be taken as the result of several consecutive calls to the random number generator. One call is certainly not enough, since neighboring lattice points often differ only by a single bit and this difference is not sufficiently enlarged by a single call. The cost of this procedure is rather high as compared to the table lookup approach from above which obviously yields acceptable results.

5 Comparison with other methods

There are at least two other methods which allow control of dimension and lacunarity. The first one is related to the well known midpoint displacement methods, it has been termed *random successive additions*, see [9,10]. The other method uses the Mandelbrot-Weierstrass function in several variables. In the following we briefly describe both methods. Then we continue to point out the differences between these methods and the rescale-and-add method. Finally we estimate and compare the costs of the algorithms.

5.1 Random additions : displacing interpolated points

Let us assume, that a random function $V(x, y, z)$ with prescribed fractal dimension D and lacunarity r for a final resolution of N^3 points has to be generated. If already M^3, $M < N$ points are calculated, then in the next stage a total of $(rM)^3$ points are determined in two steps ($r > 1$).

1. The old points are interpolated (e. g. in a multilinear fashion) at $(rM)^3$ points.

2. A displacement is added to all points. At each point the displacement is determined by sampling a Gaussian random variable with mean zero and the same variance for all points. Let us remark that the method can be adapted to handle locally changing fractal dimensions by letting the variance of the displacements depend on the local dimension.

These steps are repeated until a resolution of N^3 points is achieved. For details and pseudo-code see [9].

5.2 Mandelbrot-Weierstrass method

To generalize equation (5) to three dimensions we set

$$V_{MV}(x,y,z) = \sum_{i,j,k=-\infty}^{\infty} \frac{A_{i,j,k}}{r^{(i+j+k)H}} \cdot \sin(2\pi r^i x + \phi_{1,i}) \cdot \sin(2\pi r^j y + \phi_{2,j}) \cdot \sin(2\pi r^k z + \phi_{3,k})$$

(11)

where $A_{i,j,k}$ are Gaussian random variables with the same variance and $\phi_{1,i}, \phi_{2,j}, \phi_{3,k}$ are random phases in $[0, 2\pi]$. In practice, the summation is carried out over finitely many terms determined by the largest and smallest scale of the underlying object. E.g, , if (x,y,z) is restricted to the unit cube, then it is sufficient to start the summation with $i,j,k = 0$.

5.3 Comparison

The major difference between the successive addition and the other methods lies in the fact, that in the first method the complete fractal must be computed before any value of $V(x,y,z)$ can be given. This implies rather stringent requirements regarding storage capacities. A sample of $V_3(x,y,z)$ covering the unit cube at a resolution of 1000 points per side will devour space for 10^9 floating point numbers. In summary we have so far that this method is impractical when applied to volumes as opposed to two-dimensional domains.

In order to estimate the cost for the evaluation of $V_3(x,y,z)$ for all methods, let us assume as above that we compute the fractal function in the unit cube up to a resolution of $1/N$. For the interpolation method with random successive additions this implies that we have to go through $m = \log N / \log r$ stages to achieve the final resolution. For the other methods we sum the auxiliary functions up to frequencies $N/2$. Thus, here the involved sums consist of $m = \log N / \log r$ terms. In the interpolation method a total of about

$$N^3 + \left(\frac{N}{r}\right)^3 + \left(\frac{N}{r^2}\right)^3 + \ldots + \left(\frac{N}{r^{n-1}}\right)^3 = N^3 \cdot \frac{1 - r^{-3m}}{1 - r^{-3}}$$

interpolations and random offsets must be performed. The interpolations cost about 27 floating point operations (flops) each, and let us assume that one random addition can be done in 15 flops (includes a few calls to a random number generator with averaging to obtain a Gaussian random number with correct variance). Thus, the total cost averaged per point is about

$$42 \frac{r^3}{r^3 - 1} \text{ flops.}$$

In the three-dimensional Mandelbrot-Weierstrass method we obtain one evaluation of the random fractal $V_3(x, y, z)$ in

$$3 \left(\frac{\log N}{\log r} \right)^3 \text{ flops.}$$

Here the cost for the generation of the random coefficients and phases as well as for the table lookups of sine values is neglectable (at least if $V_3(x, y, z)$ has to be evaluated at many points from a grid).

In our rescale-and-add method, formula (7) with $n = 3$, we arrive at $5\,m$ flops plus m evaluations of S_3 each one costing roughly 60 flops. The result is a total of

$$65 \frac{\log N}{\log r} \text{ flops.}$$

Let us illustrate these numbers by choosing $N = 2^{10} = 1024$ and $r = 2$. Then we have for the approximate costs in the three-dimensional case

method (3D)	cost/point	$r = 2$, $N = 1024$
method of successive additions	$42\,r^3/(r^3 - 1)$	48 flops / point
Mandelbrot-Weierstrass function	$3(\log N/\log r)^3$	3000 flops / point
rescale-and-add method	$65 \log N/\log r$	650 flops / point

We see that the ability of the lower two methods to compute values of $V_3(x, y, z)$ at individual points has its price. However, these two methods will still be more economical when only surfaces in 3-space are of interest, which seems to be the case most interesting in applications. In this sense we have that the rescale-and-add method is the most economical method in 3-space. In flat two-dimensional space we obtain the following table of costs :

method (2D)	cost/point	$r = 2$, $N = 1024$
method of successive additions	$26\,r^2/(r^2 - 1)$	35 flops / point
Mandelbrot-Weierstrass function	$3(\log N/\log r)^2$	300 flops / point
rescale-and-add method	$31 \log N/\log r$	310 flops / point

Here the difference between the Mandelbrot-Weierstrass and the rescale-and-add method is insignificant. If $V_2(x, y)$ has to be computed on a grid of N^2 points, then the method of successive random additions is the method of choice.

6 Fractal planet application

Perlin already has demonstrated the many uses of the auxiliary functions S_k and of his derived *turbulence* procedure which is almost the same as $V_3(x, y, z)$ with $r = 2$ and $H = 1$ fixed. Here we give only one more example. Imagine the evaluation of an instance of $V_3(x, y, z)$ for points (x, y, z) on the unit sphere. Regard these values as height above or below sealevel, and already we have a model for a fractal planet. The remaining – still difficult – part is the rendering with the proper choice of colors.

The difference between the well known fractal planet of Voss (see [4] and [10]) and this one is that his coastlines necessarily have fractal dimension 1.5 by construction (using the method of random cuts) whereas here we have both, the fractal dimension and the lacunarity, under control. In our color figure the fractal dimension of the coastlines ranges from 1.2 near the equator to 1.9 at the poles, which are only partly visible since they are covered by "ice". Of course, a similar fractal planet with parameters can be derived by the Weierstrass-Mandelbrot function as explained in section 4.

References

[1] Fournier, A. , Fussell, D. and Carpenter, L., *Computer rendering of stochastic models*, Comm. of the ACM 25 (1982) 371–384

[2] Lewis, J.P., *Methods for stochastic spectral synthesis*, ACM Transactions on Graphics (1987)

[3] J.L. Kaplan, J. Mallet-Paret, J.A. Yorke, *The Lyapunov dimension of a nowhere differentiable attracting torus*, Ergod. Th. and Dynam. Sys. 4 (1984) 261–281

[4] Mandelbrot, B.B., *The Fractal Geometry of Nature*, W.H.Freeman and Co., New York, 1982

[5] Miller, G.S.P., *The definition and rendering of terrain maps*, Computer Graphics 20,4 (1986) 39–48

[6] Peachey, D.R., *Solid textures and anti-aliasing issues*, in : Functional-based modelling, SIGGRAPH'88 Course Notes 28, Atlanta 1988

[7] Peitgen, H.-O. and Saupe, D. (eds), *The Science of Fractal Images*, Springer-Verlag, New York, 1988

[8] Perlin, K., *An image synthesizer*, Computer Graphics 19,3 (1985) 287–296

[9] Saupe, D., *Algorithms for random fractals*, in : The Science of Fractal Images, Peitgen, H.-O. and Saupe, D. (eds), Springer-Verlag, New York, 1988

[10] Voss, R.F., *Fractals in nature : From characterization to simulation*, in : The Science of Fractal Images, Peitgen, H.-O. and Saupe, D. (eds), Springer-Verlag, New York, 1988

Die Berechnung und graphische Darstellung von Randwertproblemen für Minimalflächen

Ortwin Wohlrab
Sonderforschungsbereich 256
Institut für Angewandte Mathematik
Universität Bonn
Wegeler Str. 6
5300 Bonn

Abstract

In dem Gebiet nichtlinearer mehrdimensionaler Variationsprobleme spielt die Behandlung von Randwertproblemen für Minimalflächen eine ausgezeichnete Rolle. Untersuchungen über ihr Verhalten am Rand, die Anzahl der Lösungen und ihres möglichen topologischen Typs stehen dabei im Mittelpunkt. Ihre Berechnung und graphische Auswertung auf modernen Graphik-Workstations kann sich dabei als nützliches Instrument erweisen. In dieser Arbeit sollen numerische Lösungsmöglichkeiten für unterschiedlichste Randwertdaten beschrieben werden und Methoden zur graphischen Darstellung erläutert werden.

Boundary value problems for minimal surfaces are important in nonlinear multi-dimensional variational problems. Central issues are how the solutions behave at the boundary, how many solutions there are and what their possible topological types are. Research can be aided by computation and computer graphical visualization. This work describes the numerical solution for very different boundary conditions and the graphical representation of the solutions.

1. Minimalflächen

Bildet man aus dünnem Draht eine geschlossene Kurve und taucht diese in eine Seifenlösung, so kann man nach dem Herausziehen des Drahtes für kurze Zeit eine in ihn eingespannte Seifenhaut beobachten. Sie ist ein natürlich erzeugtes Beispiel für eine Minimalfläche, deren numerischer Behandlung und graphischer Darstellung dieser Beitrag gilt. Experimente mit unterschiedlich geformten Kurven oder anderen komplizierten Randkonfigurationen zeigen die Formenvielfalt der zugehörigen Minimalflächen (Abb. 1 a–c). So kann man z.B. mehrere geschlossene Kurven betrachten oder Drähte, deren Enden auf Plexiglasscheiben befestigt sind oder Konfigurationen aus Drähten und Fäden. Wissenschaftlich präzise Versuche dieser Art wurden erstmalig von dem belgischen Physiker Plateau im vorigen Jahrhundert durchgeführt, siehe [5].

Abb. 1a

Die mathematische Formulierung des Problems mit einem geschlossenen Draht nennt man ihm zu Ehren Plateau Problem. Die in die Kurve Γ eingespannte Seifenhaut denken wir uns als Abbildung $X: \Omega \rightarrow \mathbb{R}^3$ eines zweidimensionalen Parametergebietes Ω in den dreidimensionalen Euklidischen Raum gegeben. Der Rand der Fläche, also die auf den Rand $\partial\Omega$ von Ω eingeschränkte Abbildung $X|_{\partial\Omega}$, soll die vorgegebene geschlossene Kurve Γ parametrisieren. Es gilt nun in der Klasse dieser Flächen eine solche zu finden, die dem Flächeninhalt

$$(1) \qquad A(X) = \iint\limits_{\Omega} |X_u(u,v) \times X_v(u,v)| \, du \, dv$$

den kleinsten oder zumindestens einen stationären Wert verleiht.

In (1) bezeichnen $X_u(u,v) = \dfrac{\partial}{\partial u} X(u,v)$ und $X_v(u,v) = \dfrac{\partial}{\partial v} X(u,v)$ die partiellen Ableitungen von X

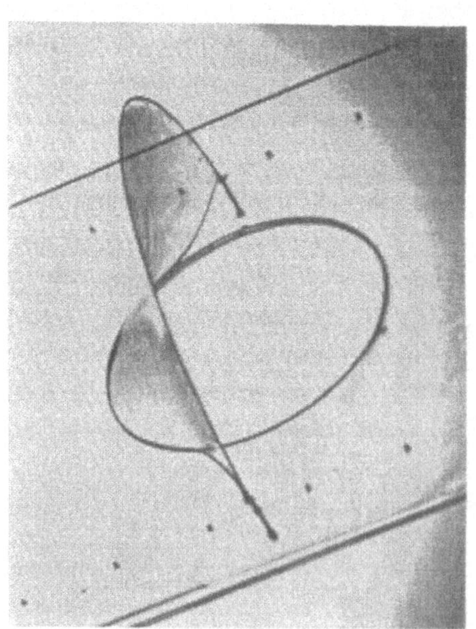

Abb. 1b

nach den Parametern u und v . Das Kreuzprodukt ist definiert durch

$$(x_1,y_1,z_1) \times (x_2,y_2,z_2) = (y_1z_2 - y_2z_1 \ , \ x_2z_1 - x_1z_2 \ , \ x_1y_2 - x_2y_1)$$

und die Norm durch

$$|(x,y,z)| = \sqrt{(x,y,z)\cdot(x,y,z)} = \sqrt{x^2+y^2+z^2} \ .$$

Die Existenz einer Lösung des Plateau Problems wurde in zufriedenstellender Allgemeinheit 1930 unabhängig von Douglas und Radó gezeigt. Eine ausführliche Besprechung dieser Ergebnisse sowie über das Randverhalten und Aussagen über die Anzahl der Lösungen auch für allgemeinere Randwertbedingungen finden sich in [4].

Abb. 1c

Um den einen der beiden im nächsten Abschnitt beschriebenen numerischen Ansätze besser verstehen zu können, soll kurz erläutert werden, warum man das im allgemeinen schwierig zu behandelnde Flächenfunktional A durch das angenehmere Energieintegral bzw. Dirichlet Integral

$$(2) \qquad D(\mathcal{X}) = \frac{1}{2} \iint_{\Omega} |\mathcal{X}_u(u,v)|^2 + |\mathcal{X}_v(u,v)|^2 \ du \ dv$$

ersetzen kann.
Eine leichte Rechnung zeigt, daß im allgemeinen nur

$$A(\mathcal{X}) \ \leq \ D(\mathcal{X})$$

gilt.

Die Gleichheit von Flächenfunktional und Energieintegral tritt nur ein, wenn die Fläche winkel- und längentreu parametrisiert ist, d.h. die Abbildung $X: \Omega \to \mathbb{R}^3$ den Konformalitätsbedingungen

$$
\begin{aligned}
X_u(u,v) \cdot X_v(u,v) &= 0 \\
|X_u(u,v)|^2 &= |X_v(u,v)|^2
\end{aligned}
\qquad \text{für alle } (u,v) \in \Omega
$$

(3)

genügt.

Minimiert man also beim Plateau Problem bzgl. des Dirichlet Integrals, so sind genügend glatte Lösungen automatisch konform parametrisiert und ihr Flächeninhalt entspricht dem Dirichlet Integral. Weiterhin läßt sich zeigen, daß die so bestimmten Lösungen im wesentlichen mit denen des ursprünglichen Plateau Problems übereinstimmen.

Nachdem es möglich war, das Problem durch Umformen zu vereinfachen, sollen nun ähnlich der Vorgehensweise bei der Bestimmung von Extremwerten von Funktionen mit endlich vielen Variablen notwendige Bedingungen an die Lösungen angegeben werden. Zusätzlich zu (3) erhält man, daß die Abbildung komponentenweise harmonisch sein muß, d.h.

$$
(4) \qquad \Delta X(u,v) = X_{uu}(u,v) + X_{vv}(u,v) = 0 \quad \text{für alle } (u,v) \in \Omega \ .
$$

Man nennt Flächen, deren Parametrisierung den Gleichungen (3) und (4) genügen, generell Minimalflächen. Dies ist etwas irreführend, da es sich bei den Gleichungen ja nur um notwendige Bedingungen handelt. Global muß es sich bei einer so definierten Minimalfläche also keineswegs um eine Fläche mit kleinstem Flächeninhalt handeln.

Die angegebenen Differentialgleichungen (3) und (4) erlauben eine weitere in der Differentialgeometrie übliche Charakterisierung von Minimalflächen. Aufgrund der konformen Parametrisierung stimmen die Parameterlinien durch einen Punkt $X_0 = X(u_0,v_0)$ dieser Flächen mit den Linien extremer Flächenkrümmung in X_0 überein. Das Mittel H dieser beiden Krümmungen, auch mittlere Krümmung der Fläche in X_0 genannt, gleicht sich zu Null aus

$$
(5) \qquad H \equiv 0 \ .
$$

Dies folgt aus Gleichung (4).

Selbstverständlich kann diese Einleitung nur einen unvollständigen Eindruck über die Rolle der Theorie der Minimalflächen in mathematischen Disziplinen wie der Variationsrechnung und der Differentialgeometrie geben. Ihre Untersuchung steht im Mittelpunkt vieler Arbeiten. So sind Fragen über die Anzahl der Lösungen, ihren topologischen Typ und ihr Randverhalten von großem Interesse. Die numerische Berechnung und anschließende Untersuchung ihrer graphischen Darstellung stellt ein Hilfsmittel dar, dem immer größere Bedeutung zukommen wird.

Aber nicht nur in der Mathematik ist ihre Behandlung von Interesse. Ihre Stabilitätseigenschaften spielen in anderen Naturwissenschaften wie z.B. in der Physik, der Biologie und der Kristallographie oder auch in den Ingenieurwissenschaften eine ausgedehnte Rolle.

2. Die numerische Bestimmung

Zwei unterschiedliche Ansätze sollen beschrieben werden. Dabei beschränken wir uns auf das Plateau Problem, eine Verallgemeinerung auf andere Randwertprobleme ist aber in beiden Fällen möglich. Ausführliche Literaturhinweise und weitere numerische Verfahren finden sich in [1], [3], [6] und [7].

Die geschlossene Kurve Γ sei durch ein Polygon p mit N Eckpunkten approximiert, siehe Abb. 2. Der erste der beiden numerischen Ansätze zum Lösen des Plateau Problems lautet:

(P_1) Bestimme ein Polyeder $\mathfrak{P}$ kleinsten Flächeninhalts, unter all denen, die von dem Polygon p berandet werden und eine vorgegebene Anzahl von inneren Eckpunkten n besitzen.

Hier sei angemerkt, daß auch entartete Eckpunkte von p bzw. $\mathfrak{P}$ mit berücksichtigt werden, also solche, deren Kanten in einer Ebene bzw. auf einer Geraden liegen.

Setzt man voraus, daß die Polyeder stets denselben Zusammenhang besitzen, d.h. sich die Zuordnungen der Kanten zu den Eckpunkten nicht ändert, so kann ihr Flächeninhalt eindeutig durch die inneren Eckpunkte $P_1,...,P_n$ bestimmt werden:

$$A(\mathfrak{P}) = F(P_1,...,P_n) \ .$$

Es gilt nun Punkte $P'_1,...,P'_n$ zu finden, in denen die Funktion ein Minimum besitzt.

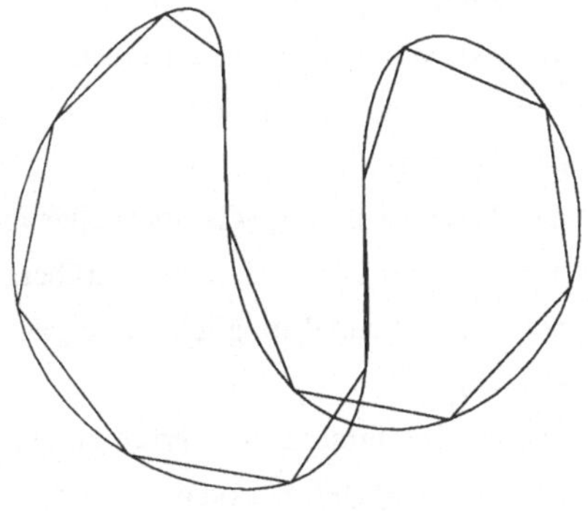

Abb. 2

Dies kann numerisch auf verschiedene Weise realisiert werden. Es ist möglich, die Funktion F global mit Hilfe der Methode des steilsten Abstiegs zu minimieren, d.h. von einem gegebenen Startpolyeder $\mathfrak{P}^0$ mit den inneren Eckpunkten $P^0 = (P_1^0,...,P_n^0)$ berechnet man eine erste Näherung $P^1 = \phi(h_0;P^0)$ der Lösung durch Bestimmen eines Wertes h_0, in dem die Funktion

$$f(h) = F(\phi_1(h;P^0),...,\phi_n(h;P^0)) \ ,$$

mit

$$\phi_i(h;P^0) = P_i^0 + h \, \nabla_{p_i} F(P_1^0,...,P_n^0)$$

und

$$\nabla_{p_i} F = \left(\frac{\partial}{\partial x_i} F \, , \, \frac{\partial}{\partial y_i} F \, , \, \frac{\partial}{\partial z_i} F \right) \, , \ P_i = (x_i,y_i,z_i) \ ,$$

ein Minimum annimmt. Diese Prozedur setzt man fort, bis alle $\nabla_{p_i} F$ hinreichend klein sind.

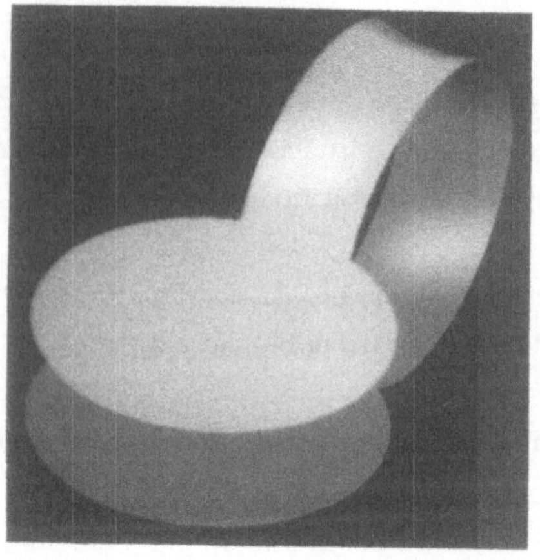 

Abb. 3a   Abb. 3b

Die Abbildungen 3a, b zeigen zwei mit diesem Algorithmus bestimmte Minimalflächen. Die Berandungskurven sind für beide Flächen dieselben. Beide Lösungen unterscheiden sich aber durch ihren unterschiedlichen topologischen Typ. Dieser muß durch die Topologie des Startpolyeders vorgegeben werden.

Der Nachteil dieses, wie auch aller anderen Flächenminimierungsalgorithmen, ist das Fehlen jeglicher theoretischer Aussagen darüber, wie genau Minimalflächen bestimmt werden können. Es ist noch nicht einmal möglich zu zeigen, daß das Verfahren überhaupt gegen eine Minimalfläche konvergiert.

Das zweite numerische Verfahren zur Bestimmung der Lösungen des Plateau Problems benutzt deshalb das Energiefunktional. Die Lösung wird durch eine über den Einheitskreis

$$B = \left\{ (u,v) \in \mathbb{R}^2 : u^2 + v^2 \leq 1 \right\}$$

stetig parametrisierte, stückweise bilineare Fläche approximiert. Für M feste Radialunterteilungen

$$0 = r_0 < r_1 < \ldots < r_{M-1} < r_M = 1$$

und N variable Winkelunterteilungen

$$0 \leq \varphi_0 < \varphi_1 < \ldots < \varphi_{N-1} < \varphi_N = 2\pi + \varphi_0$$

betrachten wir stetige Parametrisierungen $X^h(u,v)$, die auf jedem Teilstück

$$B_{i,j} = \left\{ (r \cos \varphi , r \sin \varphi): r_{i-1} \le r \le r_i , \varphi_{j-1} \le \varphi \le \varphi_j \right\} , \quad 1 \le i \le M , \quad 1 \le j \le N ,$$

die Darstellung

$$\chi^h(u,v) = A\,uv + B\,u + C\,v + D \quad \text{mit} \quad A,B,C,D \in \mathbb{R}^3$$

besitzen, und deren Randwerte $\chi^h(\cos \varphi , \sin \varphi)$ das Polygon $\mathfrak{p}$ parametrisieren, wobei

$$\chi^h(\cos \varphi_j , \sin \varphi_j) = \mathfrak{p}_j , \quad 1 \le j \le N ,$$

für die Eck– bzw. Unterteilungspunkte $\mathfrak{p}_j$ des Polygons $\mathfrak{p}$, siehe Abb. 4.

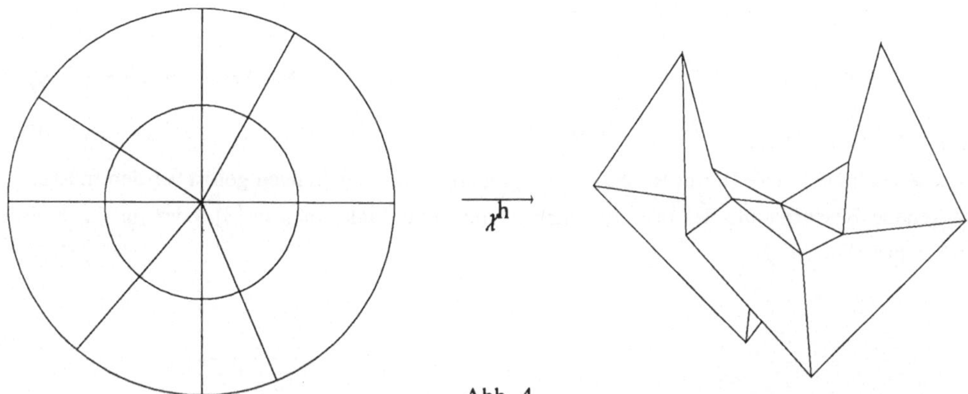

Abb. 4

Damit formuliert sich das Problem wie folgt:

(P$_2$)   Unter all den so definierten Flächen bestimme man die mit dem kleinsten Dirichlet Integral.

Bezeichnet man die inneren Eckpunkte der Flächen mit

$$\chi_{i,j} = \chi^h(r_i \cos \varphi_j , r_i \sin \varphi_j) , \quad 0 \le i \le M-1 , \, 0 \le j \le N-1 ,$$

so läßt sich das Dirichlet-Integral als Funktion in $1 + (M-1)(N-1) + N$ Variablen schreiben

$$D(\chi^h) = d(\chi_{i,j} , \varphi_0 , \varphi_1 , \dots , \varphi_N) .$$

Bestimmt man die Eckpunkte $\chi_{i,j}$ und Winkelunterteilungen φ_k , an denen d ein Minimum annimmt, so erhält man eine Lösung des Problems (P$_2$). Es sei bemerkt, daß in dem vorliegenden Fall einfach zusammenhängender Flächen die Abhängigkeit in den φ_k durch Vorgabe von drei festen Randpunktzuordnungen, z.B.

$$\varphi_0 = 0 \quad , \quad \varphi_{N_1} = \frac{2\pi}{3} \quad , \quad \varphi_{N_2} = \frac{4\pi}{3} \quad , \quad 0 < N_1 < N_2 < N \quad ,$$

und

$$\chi^h(\cos \varphi_j , \sin \varphi_j) = p_j \quad \text{für} \quad j = 0, N_1, N_2 \quad ,$$

reduziert werden muß, um aus der konformen Invarianz resultierende Entartungen zu vermeiden. Ein üblicher Ansatz zur Bestimmung der Extremwerte von d ist die Bestimmung der Nullstellen des Gradienten von d. Da es sich bei dem Dirichlet Integral um ein quadratisches Funktional in χ handelt, erhält man ein System von linearen Gleichungen in den $\chi_{i,j}$:

$$(6) \qquad\qquad A(\Phi)\, \chi_{i,j} = b(\Phi) \quad ,$$

wobei die Steifigkeitsmatrix A und der Vektor b von den Winkeln $\Phi = (\varphi_1 ,..., \varphi_{N_1-1} , \varphi_{N_1+1} ,..., \varphi_{N_2-1} , \varphi_{N_2+1} ,..., \varphi_{N-1})$ abhängen. Die Ableitungen nach φ_n sind komplizierter, so daß zusätzlich noch $(N-3)$, mit (6) gekoppelte, nichtlineare Gleichungen gelöst werden müssen. Eine genaue Beschreibung des resultierenden Algorithmus findet man in [3], oder für das halbfreie Randwertproblem in [7].

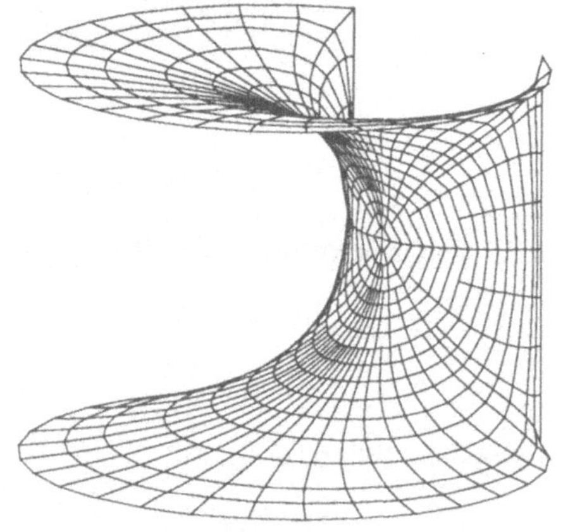

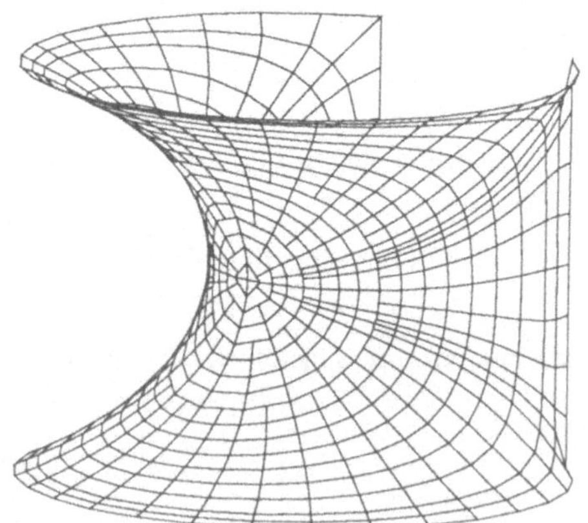

Abb. 5a   Abb. 5b

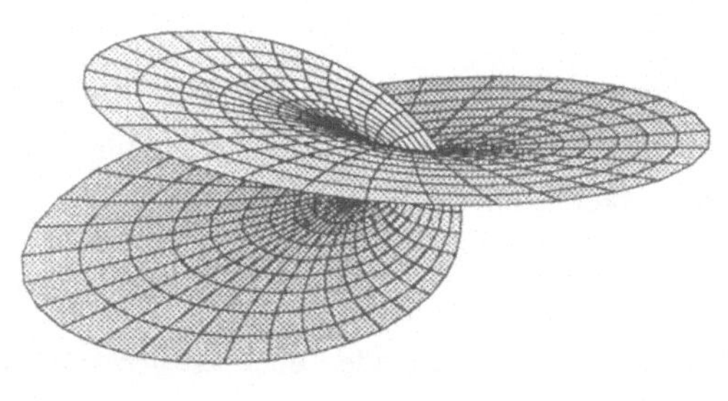

Abb. 6

Der Vorteil dieser numerischen Lösungsmethode liegt in der Möglichkeit, Aussagen über Konvergenz und Genauigkeit machen zu können. Die Abbildungen 5a, b und 6 zeigen mit diesem Verfahren berechnete Minimalflächen. Die ersten Beispiele stellen unterschiedliche Lösungen zu der gleichen Randkurve dar und das dritte zeigt, daß durch die Einschränkung des topologischen Typs auch Lösungen berechnet werden, die mit Seifenhäuten nicht reproduzierbar sind.

3. Experimente am Computer

Algorithmen zur Bestimmung von Minimalflächen in vorgegebenen Randkonfigurationen können sinnvoll zur theoretischen Untersuchung dieser Flächen eingesetzt werden, wenn sie in einer benutzerfreundlichen Programmumgebung integriert sind.

Im Idealfall sollten folgende Anforderungen von einem Gesamtprogrammpaket erfüllt werden:

A) Eine einfache Eingabemöglichkeit der Randkonfiguration und die Möglichkeit, sie automatisch durch Vorgabe der Parameter verändern zu lassen.

Sie sollte eine Vielzahl von verschiedenen Darstellungsarten der Randkurven (Plateau Problem), Berandungsflächen (halbfreies bzw. freies Randproblem) oder auch zusätzlichen Hindernissen etc. berücksichtigen. So müssen Polygone und Polyeder durch interaktive Eingabe der Eckpunkte oder Kurven und Flächen durch ihre Parametrisierung beschrieben werden können. Um Veränderungen des Lösungsverhaltens bei unterschiedlichen Randwerten untersuchen zu können, sollte man Kurven- bzw. Flächenscharen eingeben können.

B) Eine genaue, möglichst vollständige und schnelle Berechnung der Lösungen.

Idealerweise sollte die Berechnung in Echtzeit geschehen, die Abweichung einer numerisch bestimmten Lösung von der realen in der Größenordnung der Auflösungsgenauigkeit des verwendeten Ausgabegerätes liegen, und es sollten alle Lösungen, auch die von unterschiedlichem topologischem Typ bestimmt werden können.

C) Eine interaktive graphische Verarbeitung.

Es muß möglich sein, die berechneten Flächen in Echtzeit zu drehen, zu skalieren, zu verschieben etc., wobei verdeckte Linien bzw. Flächen entweder gar nicht oder nur durchscheinend gezeichnet werden sollten. Wenn es sich um parametrisierte Flächen handelt, so sollte die Unterteilung im Parametergebiet mit dargestellt werden. Man sollte die Lösungsfläche bzgl. geometrischer oder topologischer Größe verschieden einfärben können.

Dabei sollten zuerst einmal Funktionalität und Schnelligkeit im Vordergrund stehen. Qualitativ hochwertige photographische Aufarbeitung oder Videoaufzeichnung stellen eine zusätzliche Anforderung insbesondere für Veröffentlichungen oder Präsentationen dar.

D) Zusätzliche Bearbeitung der Lösungen.
So sollte man z.B. die berechneten Minimalflächen an gegebenen Geraden oder Ebenen spiegeln können und zu ihnen konjugierte Flächen numerisch bestimmen lassen können.

Teile der Anforderungen A–D werden von einem beim Sonderforschungsbereich 256 erstellen Programmpaket erfüllt. Es dient zur Bestimmung von Lösungen des Plateau– und des halbfreien Randproblems bei ebenen Stützflächen. Die Eingabe des Randpolygons erfolgt interaktiv durch Eingabe der Eckpunkte und der Anzahl eventueller zusätzlicher Unterteilungspunkte. Die Berechnung der Lösungen erfolgt je nach Wunsch mit einer der beiden in Abschnitt 2 angegebenen Algorithmen. Das Paket läuft auf den graphischen Workstations IRIS 3115 und IRIS 4D 70 von Silicon Graphics. Deshalb ist eine den Anforderungen in C entsprechende graphische Verarbeitung zumindest auf der 4D 70 möglich. Außerdem lassen sich die berechneten Flächen spiegeln und man kann zu ihnen konjugierte Minimalflächen bestimmen.

Das Hauptproblem stellt immer noch die Bestimmung der Fläche dar. Mit Zeiten von durchschnittlich drei Minuten ist man weit von einer Echtzeitberechnung entfernt. Verschiedene Lösungen erhält man, wenn überhaupt, nur recht umständlich durch Angabe unterschiedlicher Startwerte.

Abb. 7a

In den Abbildungen 7–9 sind einige mit diesem Paket erstellte Minimalflächenstudien dargestellt. Bild 7a zeigt die nach H.A. Schwarz benannte Minimalfläche. Durch fortgesetztes Spiegeln erhält man aus ihr die in Bild 7b dargestellte Fläche, während Bild 7c eine numerisch bestimmte konjugierte Fläche angibt. Die Abbildungen 8 und 9a–c zeigen Lösungen halbfreier Randprobleme. Dabei stellt die Fläche in 8 einen weiteren Klassiker unter den Minimalflächen dar. Sie wurde von L. Henneberg 1875 erstmalig beschrieben.

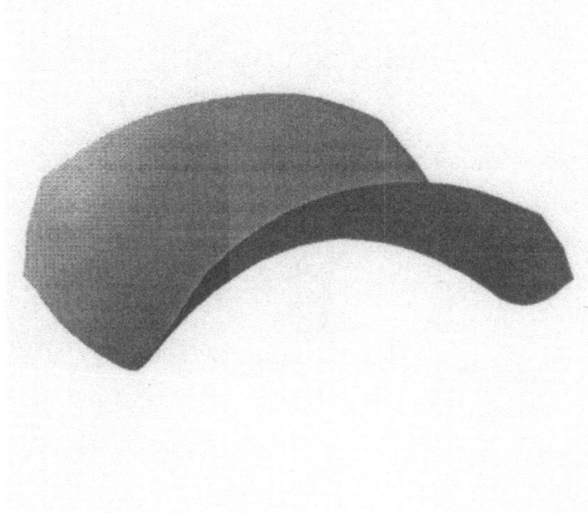

Abb. 7b   Abb. 7c

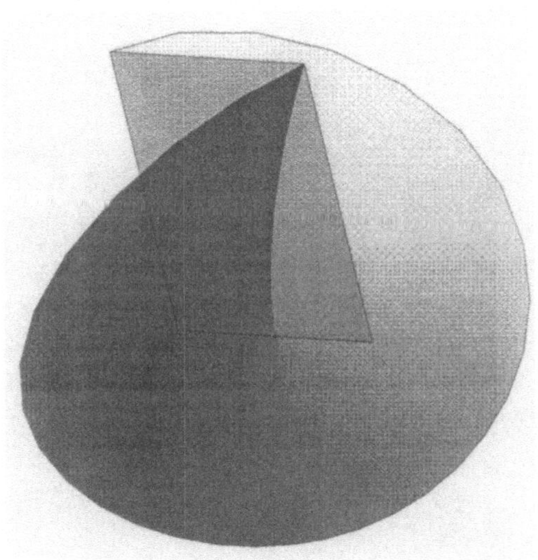

Abb. 8

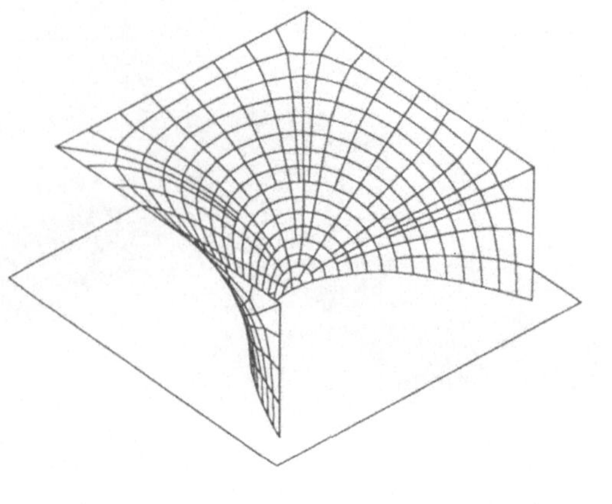

Abb. 9a

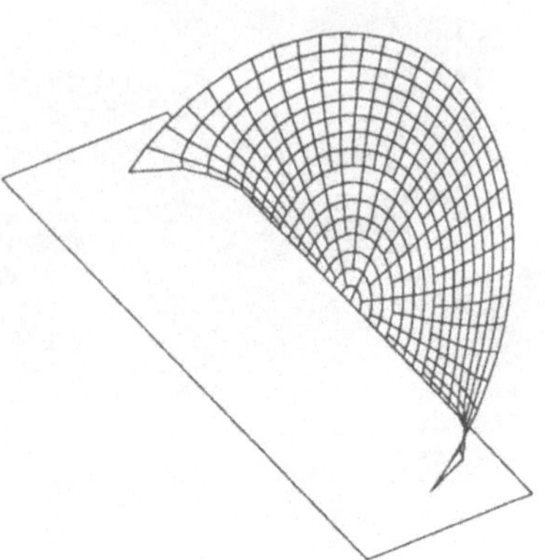

Abb. 9b

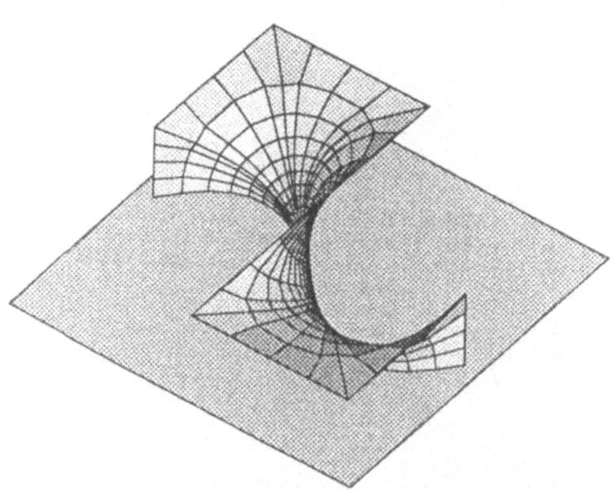

Abb. 9c

Literaturverzeichnis

[1]   G. Dziuk: How to calculate evolutionary surfaces, Report, SFB 256, Bonn (1988)

[2]   M. Haneke, K. Steinberger: Lokale interaktive Benutzeroberfläche zum RT ONE/380 (ILTIS), Report, SFB 256, Bonn (1988)

[3]   H. Jarausch: Zur numerischen Behandlung von parametrischen Minimalflächen mit Finiten–Elementen. Dissertation, Universität Bochum (1978)

[4]   J.C.C. Nitsche: Vorlesungen über Minimalflächen. Springer, Berlin–Heidelberg–New York (1975)

[5]   J. Plateau: Statique expérimentale et théorique des liquides soumis aux seules forces moléculaires. 2 Bände, Gauthier–Villeurs, Paris (1873)

[6]   G. Steinmetz: Numerische Approximation von allgemeinen parametrischen Minimalflächen im $\mathbb{R}^3$. Forschungsarbeit, Fachhochschule Regensburg (1987)

[7]   O. Wohlrab: Zur numerischen Behandlung von parametrischen Minimalflächen mit halbfreien Rändern. Dissertation, Universität Bonn (1985)

Bildnachweis:

Abb. 1a–c: Bildarchiv. Inst. für Leichte Flächentragwerke, Universität Stuttgart

Abb. 2–9:   sind mit den Geräten und dem Programmpaket GRAPE und ILTIS des SFB 256 erstellt worden, siehe auch [2].